>>>YANGGUANG JIAOYU B

军事与科技大百科

JUNSHI YU KEJI DABAIKE

>>> 为了使青少年更多地了解自然、热爱科学，我们精心编写了这本书。这是一本科学性和趣味性并存的著作，希望青少年朋友能在轻松的阅读中了解变幻莫测的大千世界，了解人类与自然相互依存的历史。只有这样，我们才能更理智地展望未来。

本书编写组◎编

一卷在手，奥妙无穷，日积月累，以至千里。

世界图书出版公司
广州 · 上海 · 西安 · 北京

图书在版编目（CIP）数据

军事与科技大百科/《军事与科技大百科》编写组编.
广州：广东世界图书出版公司，2009. 11（2021.5 重印）
ISBN 978-7-5100-1217-4

Ⅰ. 军… Ⅱ. 军… Ⅲ. 军事技术-青少年读物 Ⅳ. E9-49

中国版本图书馆 CIP 数据核字（2009）第 204790 号

书　　名　军事与科技大百科
　　　　　JUNSHI YU KEJI DABAIKE
编　　者　《军事与科技大百科》编写组
责任编辑　刘国栋
装帧设计　三棵树设计工作组
责任技编　刘上锦　余坤泽
出版发行　世界图书出版有限公司　世界图书出版广东有限公司
地　　址　广州市海珠区新港西路大江冲 25 号
邮　　编　510300
电　　话　020-84451969　84453623
网　　址　http://www.gdst.com.cn
邮　　箱　wpc_gdst@163.com
经　　销　新华书店
印　　刷　唐山富达印务有限公司
开　　本　787mm × 1092mm　1/16
印　　张　13
字　　数　160 千字
版　　次　2009 年 11 月第 1 版　2021 年 5 月第 9 次印刷
国际书号　ISBN　978-7-5100-1217-4
定　　价　38.80 元

前　言

自人类诞生之日起，就同残酷的自然环境和复杂的生存环境不断地斗争着。这种斗争，在民族和国家诞生之后，变得更加激烈和残酷。

不同的部族、国家之间，为了各自的利益，产生了冲突、矛盾、竞争，最激烈的冲突就是战争。

战争时刻影响着人类世界的发展进程，为了赢得战争的胜利，人们不断推动生产技术的发展，研制出各种武器，发明出各种军事理论和兵法艺术。频繁的战争产生了一系列的经典战役，诞生了一个个历史名将、军事家。

到了今天，世界各国在发展经济的同时，都重视军事力量的提升，因为各国间力量的角逐，军事始终具有着举足轻重的地位和影响力。对内来说，一个国家和民族军事力量的强弱决定着国家能否实现安定团结，能否维护统一和谐的局面。对外来说，军事力量的强弱决定着一个国家能否维护自身的领土主权，实现国家利益。

我们知道，军事科学的发展也是随着生产力的发展和科技的进步，在现实战争中的应用与检验、总结中不断发展的。

各种兵器知识，武器装备科学，军事作战思想以及军事艺术，是当代青少年朋友的最感兴趣的科学话题之一。了解和掌握一定的军事历史知识、兵器知识，对增强国防意识，提高全民的军事素质，有着十分重要的意义和作用。

本书主要介绍了世界主要兵器概览，导弹科技发展与战争应用，最先进的军事科技与现代战争，军事科技与战争趣话，太空武器与未来战争等。

阅读本书，你可以了解到各种兵器的发展历史与现代战争，未来战争中武器的应用，世界军事大国的战略构想和最新兵器知识等。

当然，军事科技的发展也是日新月异的，国际军事力量和军事格局，也会随着各国政治、民族利益的需要而发生着变化。在未来的日子中，各种最新式的武器，各种新的战争理念和军事指挥艺术会不断涌现，我们只有紧跟国际形势和军事科技的发展，才能把握时局，为祖国的安定和强大，贡献出自己的力量。

本书在编写过程中，得到了一些专家、老师的帮助，在这里我们表示衷心的感谢。

编　者

目　　录

第一章　世界主要兵器概览

枪械 …… 1
坦克、装甲车辆 …… 7
舰艇 …… 14
水中武器 …… 22
军用飞机 …… 22
军用航天器 …… 30
弹药 …… 33
火箭 …… 35
导弹武器系统 …… 39
化学武器 …… 45
生物武器 …… 49

第二章　导弹科技发展与战争应用

“爱国者”导弹诞生记 …… 51
前苏联洲际导弹发展史话 …… 55
比“飞毛腿”更厉害的新式武器 …… 60
“SS 家族”三兄弟 …… 62

享誉海外的中国“红箭” …… 64
从迫击炮弹到 X—4 导弹 …… 68
西班牙战争期间的空中飞弹 …… 71
狡猾的“百舌鸟”导弹 …… 72
百发百中的“哈姆” …… 76

第三章　最先进的军事科技与现代战争

GPS——全球定位系统 …… 78
现代战争中的雷达系统 …… 85
国外隐身舰艇 …… 89
反雷达隐身技术 …… 92
导弹制导系统 …… 96
精确制导技术的发展 …… 101
毫米波制导技术 …… 105
光电精确制导技术 …… 108
组合精确制导技术 …… 115
地图匹配制导 …… 118
敌我识别（IFF）系统 …… 120
遥感技术 …… 126
红外隐身技术 …… 128
电子战与高新技术材料 …… 132
夜视技术 …… 138
计算机欺骗战术 …… 140

第四章　军事科技与战争趣话

美电子间谍揭秘 …… 142
CS 毒剂的效用与流言 …… 145

能让猫怕老鼠的秘密武器 …………………………………… 148
化学兵试验与六千只替罪羊 ………………………………… 151
烟里逃生的坦克 ……………………………………………… 155
越战中美军大施落叶剂害人害己 …………………………… 157
可以制造地震的炸弹 ………………………………………… 160
噪声武器与马赛悲剧 ………………………………………… 163
计算机认识错误酿苦酒 ……………………………………… 166
说说臭氧武器 ………………………………………………… 169
高技术战争与伤亡减少兼顾 ………………………………… 170
心理战术巧胜敌兵 …………………………………………… 173
花样繁多的软杀伤武器 ……………………………………… 175

第五章　太空武器与未来战争

“星球大战”计划与现实……………………………………… 178
天战杀手——太空武器 ……………………………………… 182
电磁脉冲武器 ………………………………………………… 183
太空细胞战争 ………………………………………………… 186
航天时代与军事科技 ………………………………………… 189
各式各样的军用侦察卫星 …………………………………… 193
航天飞机和航天站 …………………………………………… 195
激光炮 ………………………………………………………… 196
太空中的美国“天军” ……………………………………… 199

第一章 世界主要兵器概览

枪械

1. 概述

手枪、冲锋枪等枪械一般指利用火药作为燃气能量来发射弹头，口径小于20毫米的身管射击武器。各种枪械主要用于发射枪弹，打击暴露的有生目标和薄壁装甲目标。它是步兵军种和警察的主要武器，也广泛装备于各军种、兵种，并应用于治安、狩猎和体育赛事方面。枪械通常可分为手枪、步枪、冲锋枪、机枪、滑膛枪和特种枪等。按其自动化程度，枪械有全自动、半自动和非自动三种。全自动枪械可利用火药燃气能量或其他附加能源，实现自动装填与连发；半自动枪械能实现自动装填，但不能连发；而非自动枪械仅能单发，重新装填与再次击发都由人工完成。各国现装备的军用枪械多为全自动或半自动枪械，均能实现自动装填，属于自动武器。常见的民用枪械有猎枪和运动枪，多为非自动或半自动枪械。

现代名枪——雷明顿

衡量枪械优劣的战术技术性能，通常根据枪械的弹道参数、有效射程、战斗射速、尺寸和重量等诸元素来评价。弹道参数包括口径、弹头重和初速。由弹头重和初速决定的弹头枪口动能，是枪械威力的主要标志之一。枪械的口径一般可分为三种，通常称 6 毫米以下的为小口径，12 毫米以上的为大口径，介于两者之间的为普通口径。有效射程是枪械对常见目标射击时能获得可靠效果的最大距离，反映了枪械的远射性。战斗射速是指枪械在实战条件下每分钟射弹的平均数，反映枪械的速射性，尺寸和重量反映枪械的机动性。

现代自动枪械一般由枪管、机匣、瞄准装置、自动机各机构、发射机构、保险机构和枪架（或握把、枪托）等部分组成，有些枪械还有刺刀、枪口装置等辅助部件。自动机各机构用于实现连续射击，包括闭锁、复进、供弹、击发和退壳机构等。

2. 早期的枪

据史料记载，中国宋理宗开庆元年（公元 1259 年），有人就制成了以黑火药发射子集的竹管突火枪，这是世界上最早的管形射击火器。随后，又发明了金属管形射击火器——火铳，到明代时，这种火器已在军队中大量装备，并逐渐应用于战争中。

14 世纪欧洲有了从枪管后端火门点火发射的火门枪。15 世纪欧洲的火绳枪，是从枪口装入黑火药和铅丸，转动一个杠杆，将用硝酸钾浸过的阴燃着的火绳头移近火孔，即可点燃火药发射。由于火绳在雨天容易熄灭，夜间容易暴露，这种枪在 16 世纪后逐渐被燧石枪所代替。最初的燧石枪是轮式燧石枪，用转轮同压在它上面的燧石摩擦发火。以后又出现了几种利用燧石与铁砧或药池盖撞击迸发火

乾隆御用自来火枪

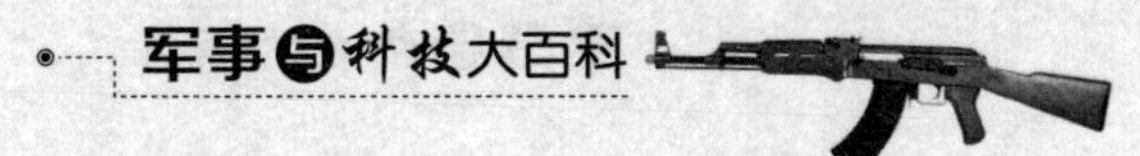

星，点燃火药的撞击式燧石枪。燧石枪曾在欧洲一些国家的军队中使用了约 300 年。

3. 近代步枪的产生

早期殖民时代的枪械都是前装滑膛枪。15 世纪以来，人们已经知道在枪膛内刻上直线形膛线，可以更方便地从枪口装入铅丸。16 世纪以后，将直线形膛线改为螺旋形，发射时能使长形铅丸作旋转运动，出膛后飞行稳定，提高了射击精度，增大了射程。但由于这种线膛枪前装很费时间，因而直到后装枪真正得到发展以后，螺旋形膛线才被广泛采用。

19 世纪初发明了含雷汞击发药的火帽。这时，有人把火帽套在带火孔的击砧上，打击火帽即可引燃膛内火药，这就是击发式枪机。具有击发式枪机的枪称为击发枪。

1812 年，在法国军队中出现了定装式枪弹。它是将弹头、发射药和纸弹壳（装有带底火的金属基底）连成一体的枪弹，大大简化了从枪管尾部装填枪弹的操作。19 世纪 30～40 年代德国研制成功的德莱赛步枪，装备了普鲁士军队。这是最早的机柄式步枪，它用击针打击点火药，点燃火药，发射弹头，称为击针枪。它明显地提高了子弹射速，并能使发射者以任何姿势（卧、跪或行进中）重新装弹。19 世纪 50～60 年代，出现了用黄铜制造的整体金属弹壳，代替了纸弹壳，发射时可以更好地密闭火药燃气，从而提高了枪弹的初速。

1871 年德国装备的毛瑟步枪，是首先成功地采用金属弹壳枪弹的机柄式步枪。这种枪的口径为 11 毫米，有螺旋膛线，发射定装式枪弹，由射手操纵枪机机柄，实现了开锁、退壳、装弹和闭锁。1884 年毛瑟步枪经过改进后，在枪管下方枪托里装上可容 8 发枪弹的管形弹仓，将弹仓装满后，可多次发射。1886 年无烟火药首先在法国用作枪弹发射药后，由于火药性能提高，残渣减少，以及金属深孔加工技术的进步，步枪的口径大都减小到了 8 毫米以下（一般为 6.5～8 毫米），弹头的初速也进一步得到提高。

为了提高枪械的射速，增强火力密度，中国清康熙年间，火器制造家戴梓发明了一种连珠火铳。它的弹仓中贮火药铅丸28发，可扣动扳机进行装弹与发射，但由于历史局限性，未能在清军中广泛推广。19世纪中叶前，欧美一些国家常将许多支枪平行或环形排列，进行齐射或连射。1862年，美国人加特林发明手摇式机枪，用6支口径为14.7毫米的枪管，安放在枪架上。射手转动手柄，6支枪管依次发射。这种枪曾在美国内战（1861—1865）中起了很大作用。

枪械发展史上，常把英籍美国人马克沁发明的机枪，作为第一种成功地以火药燃气为能源的自动武器。这种枪采用枪管短后坐自动原理，于1883年试验成功，1884年应用这种原理的机枪取得了专利。它以膛内火药燃气作动力，采用曲柄连杆式闭锁机构，布料弹链供弹，水冷枪管，能够长时间连续射击，理论射速可达每分钟600发，枪重27.2千克，一些国家引进并装备了部队。1902年在丹麦出现了麦德森机枪，它带有两脚架，采用气冷枪管，外形似步枪，枪重9.98千克。人们为了便于区分，称前者为重机枪，将后者称为轻机枪。第一次世界大战的实战证明，机枪对集团有生目标有很大的杀伤作用，是步兵分队有力的支援武器。

1915年，意大利人列维利采用半自由机械式自动原理，设计了一种发射9毫米手枪弹的维拉·派洛沙双管自动枪，但由于威力较小，携行较重，单兵使用不便，没能得到发展。西班牙内战（1936～1939）时期，交战双方使用了德国MPl8式等多种发射手枪弹的手提式机枪，这些枪短小轻便，弹匣容弹量较大，在冲锋、反冲锋、巷战和丛林战等近距离战斗中火力猛烈，被称为冲锋枪。

第一次世界大战中，出现了与之相适应的军用飞机、坦克，接着就出现了航空机枪和坦克机枪；为了射击低空目标和薄壁装甲目标，又出现了威力较大的大口径机枪。

4. 枪械的通用化

随着战争规模的扩大和作战方式的变化，武器弹药种类繁多，使后勤补给日趋复杂。许多国家枪械的改革，都首先致力于弹药的通用化。第二次世界大战中，出现了弹重量和尺寸介于手枪弹和步枪弹之间的中间型枪弹。德国研制了 7.92 毫米短弹，用于 MP43 冲锋枪；前苏联也研制了口径为 7.62 毫米的 43 式枪弹，战后按此枪弹设计了 CKC 半自动卡宾枪，AK47 自动枪和 PIIK 轻机枪，首先解决了实用枪械弹药统一的问题。1953 年 12 月，北大西洋条约组织选用了美国 7.62 毫米 T65 枪弹作为标准弹，统一装备北约的军队。与此同时，为了减少枪种，许多国家都寻求设计一种能同时在装备中取代自动步枪、冲锋枪、卡宾枪，有效射程 400 米左右，火力突击性较强的步枪。这种步枪后来称为突击步枪。德国的 StG44 突击步枪和前苏联的 AK47 自动枪，都体现了这种设计思想，成为一个时代的兵器明星。

直到第二次世界大战末，重机枪仍是步兵作战的主要支援武器，但它过于笨重，行动也是不方便。各国在研制重机枪时，都设法在保持其应有威力的前提下，尽量减轻重量，这样就出现了通用机枪。这种机枪首先出现在德国。20 世纪 30～40 年代，德国先后设计出 MG34 和 MG42 两款机枪，支开两脚架可作轻机枪用，装在三脚架上也可作重机枪用，既轻便又可两用。第二次世界大战后，各国设计的通用机枪，枪身和枪架全重一般在 20 千克左右。枪身可轻重两用，枪架一般可高平两用，并能改装在坦克、步兵战车、直升机或舰艇上使用。其中有代表性的是前苏联的 YIKM/IlKMC

美制 M60 通用机枪

通用机枪和美国的 M60 通用机枪。

5. 枪械的小口径化和枪族化

经过对实战中步枪开火距离的大量统计研究，同时考虑到在战争中将大量使用步兵战车的需要，人们认识到步枪的有效射程可缩短到 400 米以内。这样就可以适当降低枪弹威力，最终提高连发精度和机动性，增加携弹量，提高步兵持续作战能力。1958 年，美军首先开始试验发射 5.56 毫米雷明顿枪弹的小口径自动步枪 ARl5，于 1963 年将其定名为 M16 步枪，并列装部队，首开了枪械小口径化的历程。M16 枪重 3.1 千克，有效射程 400 米，由于弹头命中目标后能产生翻滚，在有效射程内的杀伤威力较大。这种枪的改进型 M16A1 和 M 16A2 步枪，均为美军制式装备。继美国之后，许多国家也都研制出了发射小口径枪弹的步枪。前苏联于 1974 年定型了口径为 5.45 毫米的 AK74 自动枪和 PIlK74 轻机枪。1980 年 10 月，北大西洋条约组织选定 5.56 毫米作为枪械的第二标准口径。

为了减少枪种，便于机械的生产、维修、训练和补给，前苏联于 20 世纪 60 年代在 AK47 自动枪的基础上设计出卡拉什尼科夫班用枪族，其中的 AKM 自动枪和 PIIK 轻机枪采用同一种 43 式枪弹，两种枪械多数部件可互换使用。前苏联还同时发展了使用 7.62 毫米 1908 式枪弹的 IlK 机枪枪族。原联邦德国发展了 5.56 毫米 HK33 枪族。其他许多国家也发展了各自军用的枪族。

此外，由于装甲作战日益重要，各国陆军步兵反装甲目标成为实战需要，因此枪榴弹和步枪配用的榴弹发射器发展较快。1969 年美军装备了 M203 榴弹发射器，将它安装在 M16AI 自动步枪的枪管下方，可发射 40 毫米榴弹，使步枪成了一种点面杀伤和破甲一体化的武器。原联邦德国于 1969 年开始研制 4.7 毫米 G1l 无壳弹步枪，这种枪采用无壳枪弹，使用高燃点发射药，掺进少量可燃加强材料（如各种纤维素）和黏合剂制成药柱，把弹

丸和底火嵌在药柱中。枪身采用了密封机匣、机匣枪托合一结构、大容量弹匣、高速点射控制机构等新的技术措施。

坦克、装甲车辆

1. 概述

现代陆军作战，离不开各种坦克、装甲车辆的机械作战部队。

坦克指具有强大直射火力、高度越野机动性和坚强装甲防护力的履带式装甲战斗车辆。“坦克”一词源自英文，是英语单词“tank”的音译，原意是储存液体或气体的容器。当一战中，这种战斗车辆首次参战前，为保密而取用这个名称，一直沿用至今。它是地面作战的主要突击兵器和装甲兵的基本装备，主要用于与敌方坦克和其他装甲车辆作战，也可以压制、消灭反坦克武器，摧毁野战工事，歼灭敌人有生力量。现代主战坦克能充分利用核突击和火力突击的效果，在行进间通过放射性污染区和水障碍等。

2. 组成

坦克一般由武器系统、推进系统、防护系统、通信设备、电气设备以及其他特种设备和装置组成。坦克武器系统包括武器和火力控制系统；坦克推进系统包括动力、传动、行动和操纵装置；坦克防护系统包括装甲壳体和各种特殊防护装置、伪装器材；坦克通信设备有无线电台、车内通话器等；坦克电气设备有电源、耗电装置、检测仪表等。有些坦克还有潜渡、导向、通风、取暖等特种设备和装置。坦克的乘员一般为 3～4 人，分别担负指挥、射击、驾驶、通信等任务。

3. 分类

20 世纪 60 年代以前，坦克通常按战斗全重、火炮口径分为轻、中、重型三种。轻型坦克重为 10～20 吨，火炮口径一般不超过 85 毫米，主要用于侦察警戒，也可用于特定条件下作战。中型坦克重为20～40吨，火炮口径最大为105毫米，用于遂行装甲兵的主要作战任务。重型坦克重40～60吨，火炮口径最大为122毫米，主要用于支援中型坦克战斗。英国曾一度将坦克分为“步兵”坦克和巡洋坦克。“步兵”坦克装甲较厚，机动性较差，用于伴随步兵作战。“巡洋”坦克装甲较薄，机动性较强，用于机动作战。

苏T34坦克

20世纪60年代以来，多数国家将坦克按用途分为主战坦克和特种坦克。主战坦克取代了传统的中型和重型坦克，成为现代装甲兵的主要战斗兵器，用于完成多种作战任务；特种坦克是装有特殊设备，担负专门任务的坦克，如侦察、空降、水陆两用坦克和喷火坦克等。

4. 坦克简史

乘车战斗的历史，可以追溯到远古时代。中国早在夏代就有了由狩猎用车演变而来的马拉战车。战车可以说是坦克的早期型态。但坦克的诞生，则是近代战争的要求和科学技术发展的结果。第一次世界大战期间，交战双方为突破由堑壕、铁丝网、机枪火力点组成的防御阵地，打破阵地战的僵局，迫切需要研制一种使火力、机动、防护三者有机结合的新式武器。1915年，英国政府采纳了斯文顿的建议，利用汽车、拖拉机、枪炮制造和冶金技术，试制了坦克的样车。1916年英军生产了Ⅰ型坦克，分“雌性”和“雄性”两种。车体呈菱形，两条履带从顶上绕过车体，车后伸出一对转向轮。“雄性”装有2门口径为57毫米的火炮和4挺机枪，“雌性”仅装有5挺机枪。1916年9月15日，有32辆Ⅰ型坦克首次参加了索姆河会战。大战期间，英、法两国制造了近万辆坦克。

主要有：英Ⅳ型、A型，法“圣沙蒙”、“雷诺”型坦克等。其中，“雷诺”型坦克数量最多（3 000多辆），性能较好，装有单个旋转炮塔和弹性悬挂装置，战后这一型坦克曾为其他国家所仿效。制造这些早期坦克重7～28吨，装有1～2门中小口径、低初速火炮和数挺机枪，或仅装机枪，单位功率2.5～4.9千瓦/吨，最大时速6～13千米，装甲厚度5～30毫米。坦克的问世，开始了陆军机械化的新时期，对军队作战行动产生了深远的影响。但由于当时技术条件的限制，坦克的火力较弱，机动性差，机械故障多发，乘员工作条件恶劣，只能引导步兵完成战术突破，不能向敌方纵深扩张战果。

两次世界大战之间，一些国家根据各自的作战思想，研制、装备了多种型式的坦克。轻型、超轻型坦克曾盛行一时，也出现过能用履带和车轮互换行驶的轮—履式轻型坦克和多炮塔结构的重型坦克。这一时期的坦克主要有：英“马蒂尔达”步兵坦克和“十字军”巡洋坦克，法“雷诺”R 35轻型坦克、“索玛”S—35中型坦克，苏T—26轻型坦克、T—28中型坦克，德PzKpfwⅢ轻型坦克和PzKpfwⅣ中型坦克等。这些坦克与早期的坦克相比，战术技术性能有了明显提高，战斗全重为9～28吨，单位功率5.3～13.5千瓦/吨，最大时速20～43千米，最大装甲厚度25～90毫米，火炮口径多为37～47毫米，有的为75或76毫米。

第二次世界大战期间同盟国和轴心国双方生产了约30万辆坦克和自行火炮。大战初期，法西斯德国首先集中使用大量坦克，进行闪击战，并取得了令人震惊的战绩。大战中、后期，在苏德战场上曾多次出现有数千辆坦克参加的大会战，以北非战场以及诺曼底登陆战役最为著名，远东战役中，也有大量坦克参战。与坦克作斗争，已成为坦克的首要任务。坦克与坦克、坦克与反坦克火炮的激烈对抗，促进了坦克技术的迅速发展，使坦克的结构型式趋于成熟，性能得到全面提高。这一时期坦克主要有：苏T—34中型坦克、HdC—2重型坦克，德PzKpfw V“黑豹”式中型坦克、PzKpfwⅥ“虎”式重型坦克，美M4中型坦克，英“丘吉尔”步兵坦克、“克伦威尔”巡洋坦克，日本97式中型坦克等。这些坦克普遍采用装有一门火炮的单个旋转炮塔，中型、重型坦克的火炮口径分别为57～85毫米和88～122毫米。主要弹种是榴弹、尖头或钝头穿甲弹，并出现了次口径穿甲弹和空心装药破甲弹。坦克发动机的功率多为260～525千瓦。开始采用新型的双功率流传动装置和扭杆式独立悬挂装置。最大时速25～64千米，最大行程100～300千米。为提高车体和炮塔的抗弹能力，改进了外形，增大了装甲倾角（装甲板与垂直面夹角），车首上装甲厚度多为45～100毫米，有的达150毫米。在第二次世界大战中，坦克经受了各种复杂条件下的战斗考验，成为各国地面作战的主要突击兵器。

战后至20世纪50年代，苏、美、英、法等国设计制造了新一代坦克，主要有：苏T－54中型、T－55中型、T－10重型和ПТ－76轻型（水陆两用）坦克，美M48中型、M103重型和M41轻型坦克，英“百人队长”中型和“征服者”重型坦克，法AMX－13轻型坦克等。这一时期的中型坦克，战斗全重36～50吨，火炮口径90～105毫米，炮塔装甲最大厚度150～200毫米，发动机功率390～608千瓦，单位功率9～13.5千瓦/吨，最大时速34～50千米，最大行程100～500千米。为了提高战术技术性能，有的坦克开始采用火炮双向稳定器、红外夜视仪、合像式或体视光学测距仪、机械模拟式计算机、三防（防核、防化学、防生物武器）装置和

俄罗斯BMPT坦克支援战车

潜渡设备。

20 世纪 60 年代，中型坦克的火力和装甲防护，已经达到或超过以往重型坦克的水平，同时克服了重型坦克机动性差的弱点，从而形成了一种具有现代特征的单一战斗坦克——主战坦克，主要有：美 M60A1、苏 T－62、英“酋长”、法 AMX－30、原联邦德国“豹”Ⅰ、瑞士 Pz61 和瑞典 Strvl03B（简称“S”）坦克等。除“S”坦克无炮塔外，其余种类都保持了传统的炮塔式总体结构。这些主战坦克，战斗全重为 36～54 吨，火炮口径 105～120 毫米，单位功率 9～15.75 千瓦/吨，最大时速 48～65 千米，最大行程 300～600 千米。主要技术特征是：普遍采用了脱壳穿甲弹、空心装药破甲弹和碎甲弹，火炮双向稳定器、光学测距仪、红外夜视夜瞄仪器，大功率柴油机或多种燃料发动机、双功率流传动装置、扭杆式独立悬挂装置、三防装置和潜渡设备，并降低了车高，改善了防弹外形。有的安装了激光测距仪和机电模拟式计算机。此间许多国家发展的主战坦克，都优先增强火力，但在处理机动和防护性能的关系上，反映了设计思想的差异。如法军 AMX－30 坦克偏重于提高机动性能；英“酋长”坦克偏重于提高防护性能；而苏美等国的坦克，则同时相应提高机动性和防护性能。

5. 现状

20 世纪 70 年代以来，现代光学、电子计算机、自动控制、新材料、新工艺等技术成就，日益广泛应用于坦克的设计制造，使坦克的总体性能有了显著提高，更加适应了现代战争要求。

70 年代至 80 年代初，相继出现的主战坦克有：苏 T－72、原联邦德国“豹”Ⅱ、美 M1、英“挑战者”、日本 74 式和以色列“梅卡瓦”等。在设计思想上，这些坦克仍优先增强火力，同时较均衡地提高机动和防护性能。总体布置多采用驾驶室在前、战斗室居中、动力－传动装置后置的方案；“梅卡瓦”Ⅰ型将动力、传动装置前置，车体后部设有舱室，可载 8 名步兵，兼有步兵战车的作用。这时期新型主战坦克的主要技术特征是：

（1）武器系统。多采用高膛压的 105～125 毫米滑膛炮（有的火炮有自动装弹机），炮弹基数 30～60 发，尾翼稳定脱壳穿甲弹成为击毁装甲目标的主要弹种，并多为高密度合僻弹芯，穿甲能力大幅度提高。有些坦克炮使用的尾翼稳定脱壳穿甲弹，初速达 1 600～1 800 米/秒，在通常的射击距离内，可击穿 250～400 毫米厚的垂直均质钢装甲。武器系统普遍装备了以电子计算机为中心的火控系统（包括数字式计算机及各种传感器、火炮双向稳定器、激光测距仪和微光夜视夜瞄仪器等，有的还安装了瞄准线稳定装置和热像仪），这些综合设备缩短了射击反应时间，提高了火炮首发命中率和坦克夜间作战能力。

“标枪”反坦克导弹

（2）推进系统。一般多采用 562.5～1 125 千瓦的增压柴油机，有的安装了燃气轮机；配有带静液转向的动液传动装置和高强度、高韧性的扭杆式悬挂装置，有的继“S”坦克后采用了可调的液气式悬挂装置，可调整车高，并能使车体俯仰、倾斜。坦克的最大时速达 72 千米，越野时速达 30～55 千米，最大行程 300～650 千米，最大爬坡度约 30 度，越壕宽 2.7～3.15 米，过垂直墙高 0.9～1.2 米，涉水深 1～1。4 米，潜水深 4～5.5 米。

（3）防护系统。车体和炮塔的主要部位多采用金属与非金属的复合装甲（通常在金属板之间填入陶瓷和增强塑料等非金属材料），以增强抗弹能力。此外，还配有性能良好的三防、灭火、伪装、施放烟幕等特种防护装置和器材，并采取进一步降低车高、合理布置油料和弹药、设置隔舱等措施，使坦克的综合防护能力有了显著提高。

20 世纪 70 年代以来的主战坦克，其火力、机动、防护性能虽有显著提高，但通行能力仍受天候、地形条件的限制，防护薄弱部位仍易遭毁坏，对后勤补给的依赖性较大。由于新部件日益增多，使坦克的结构日趋复杂，成本也大幅度提高。为了更好地发挥坦克的战斗效能，延长寿命，降低成本，在研制中越来越重视提高可靠性、可用性、可维修性和耐久性。

在第二次世界大战后的一些局部战争中，各国大量使用了坦克和反坦克武器。如第四次中东战争，交战双方参战坦克共 5 000 余辆，损失近 3 000 余辆。各种反坦克武器的发展，特别是采用多种发射方式（包括武装直升机发射）和多种制导方式（包括激光制导）的反坦克导弹的出现，对坦克构成了严重威胁，同时也促进了装甲兵战术的发展和坦克技术性能的提高。

中国 T99 式坦克

许多国家的军事演习和试验表明，坦克不仅在常规战争中仍将发挥重要作用，而且也较适宜于在敌方使用核武器条件下作战。

中国于 20 世纪 50 年代后期开始生产 59 式中型坦克，50 年代末、60 年代初，设计制造了 62 式轻型坦克和 63 式水陆两用坦克。59 式坦克战斗全重 36 吨，装有高低向稳定的 100 毫米坦克炮和功率为 390 千瓦的柴油机，最大时速 50 千米，最大行程 440 千米。后期生产的 59 式坦克改进型 69 式和 79 式坦克，目前最先

进的坦克是 T88 和 T99 系列。

6. 坦克的未来

在未来战争中，为了更好地发挥坦克的快速突击作用，有效地同地面、空中的各种反坦克武器作斗争，许多国家正在利用现代科学技术的最新成就，积极发展新一代主战坦克。在研制中，各国十分重视在控制坦克重量、尺寸和成本的条件下，较大幅度地提高坦克的摧毁力，生存力和适应性。有的国家还在探索研究新的坦克结构型式，如外置火炮式等。可以预料，在今后一个时期内，传统结构型式的坦克仍将继续发展，但也可能出现其他新的结构型式的坦克。

舰艇

1. 概述

舰艇指活动于水面或水中，具有作战或保障勤务所需的战术技术性能的军用船只，它们是海军的主要装备。现代舰艇用于海上机动作战，进行战略核突击，保护己方或破坏敌方的海上交通线，进行封锁反封锁，支援登陆抗登陆等战斗行动；进行海上侦察、救生、工程、测量、调查、运输、补给、修理、医疗、训练、试验等保障勤务。

舰艇一般由船体结构，动力装置，武器系统，观察、通信和导航系统，船舶装置和船舶系统，防护系统，特种装置和特种设备，工作、生活舱室，油、水、弹舱和各种器材舱等组成。设计精良的舰艇具有坚固的船体结构，较高的航速，良好的抗沉性、耐波性和操纵性，与其使命相适应的战斗能力和勤务保障能力。

舰艇通常区分为战斗舰艇和勤务舰船两大类。

2. 战斗舰艇

战斗舰艇可分为水面战斗舰艇和潜艇两类。水面战斗舰艇，标准排水量在500吨以上的，通常称为舰；500吨以下的，通常称为艇。按其基本任务的不同，又区分为不同的舰种。水面战斗舰艇有：航空母舰、战列舰、巡洋舰、驱逐舰、护卫舰、护卫艇、鱼雷艇、导弹艇、猎潜艇、布雷舰、反水雷舰艇和登陆舰艇等。潜艇有战略导弹潜艇和攻击潜艇等。在同一舰种中，按其排水量、武器装备的不同，又区分为不同的舰级，如美国的“尼米兹”级核动力航空母舰、前苏联的“卡拉”级导弹巡洋舰等。在同一舰级中，按其外形、构造和战术技术性能的不同，又区分为不同的舰型。潜艇，则不论排水量大小，统称为艇。战斗舰艇的船体线型都是适于航行的流线型。水面战斗舰艇，按其航行原理的不同，区分为排水型、滑行型、水翼型和气垫型。潜艇通常为水滴型或“雪茄”型设计，利于在水中航行、升降。

美国LCS—2独立号濒海战斗舰

（1）性能。水面战斗舰艇的满载排水量，最小的只有十几吨，最大的近10万吨，航速15～60节，续航力300～8 000海里（核动力航空母舰可达70万海里），自给力3～30昼夜，耐波力为3～6级海况下能有效地使用武器、4～9级海况下能安全航行。潜艇的水下排水量500～30 000吨，水下航速15～42节，续航力4 000～20 000海里（核动力潜艇可达10万～40万海里），自给力10～90昼夜，下潜深度200～500米。

（2）船体结构。水面舰艇的船体结构一般包括甲板以下的主船体和上层建筑。大部分采用钢材和纵式构架，部分扫雷舰艇和快艇采用木材、铝合金或玻璃钢和横式构架。主船体结构最坚固，由1～10层甲板、5～25道水密横隔壁和若干轻隔壁将船体内部分隔成若干舱室，并承受各种外力，以保证舰艇的强度、稳性、浮性、抗沉性和满足舱室布置的要求。上层建筑1～10层，只承受局部外力。潜艇一般包括耐压艇体和非耐压艇体，采用高强度钢材结构；耐压艇体由1～4层甲板、4～11道耐压艇壁分隔成若干舱室。

（3）动力装置。航空母舰、巡洋舰多数采用蒸汽轮机，少数采用核动力装置，有的巡洋舰采用燃气轮机或柴油机－燃气轮机联合动力装置。驱逐舰、护卫舰一般采用蒸汽轮机、燃气轮机或柴油机－燃气轮机联合动力装置。登陆舰艇一般采用蒸汽轮机、柴油机或燃气轮机。反水雷舰艇一般采用柴油机。小型舰艇一般采用柴油机、燃气轮机或柴油机－燃气轮机联合动力装置。潜艇采用柴油机－电动机动力装置或核动力装置。战斗舰艇动力装置的总功率，最小的为数百千瓦，最大的可达220 500千瓦（30万马力）。推进系统多数采用水螺旋桨推进器，少数采用喷水推进器或空气螺旋桨推进器，桨和轴各为1～4个，发电机总功率为数千瓦至数万千瓦。

（4）武器系统。现代战斗舰艇的武器装备有舰载机、导弹、舰炮、鱼雷、水雷、深水炸弹、扫雷具和猎雷设备、电子对抗系统，以及防核、防化学、防生物武器系统。战斗舰艇按其战斗使命，装备一至数种武器，多以一种武器为主，其余武器为辅。

现代舰艇多装有各种武器的射击指挥控制系统和作战指挥自动化系统。

（5）观察、通信和导航系统。现代战斗舰艇装备有各种雷达、声呐、光学器材等观察设备，无线电通信设备和各种导航设备，组成较完善的观察、通信和导航系统以及舰艇内部通信系统。

（6）船舶装置和船舶系统。现代战斗舰艇有锚、舵、小艇和系泊、拖曳、减摇等装置，消防、洗消、空调、淡水、排水、污水、疏水、喷注和灌注等系统。

3. 勤务舰船

勤务舰船也叫辅助舰船或军辅船。主要用于海上战斗保障，技术保障和后勤保障等勤务活动。船体多为排水型，钢材结构，采用柴油机或蒸汽轮机动力装置。满载排水量，小的仅有十几吨，大的可达数万吨。航速30节以下。勤务舰船装备有适应其用途的装置和设备，有的装备有自卫武器，按用途区分为：①侦察船，用于海上侦察。有电子侦察船、海洋监视船等。②通信船，用于海上通信。有通信中继船、卫星通信船等。③海道测量船，用于海区和航道测量。④海洋调查船，用于对海洋的地质、地貌、水文、气象、物理、化学、生物等方面进行调查。⑤防险救生船。⑥工程船。⑦破冰船。⑧试验船，用于武器装备的试验。有武器试验船和设备试验船等。⑨训练舰船，用于海上训练或训练保障。有练习舰（艇）、靶船等。⑩供应舰船。⑪运输舰船。⑫修理船，用于对海上舰艇及其武器装备的修理。⑬医院船。⑭基地勤务船，用于基地、港口内部勤务。基地勤务船分类较多，有港内运输艇、供应艇、交通艇、港口拖船、灯标（浮标）船、带缆艇、消防艇和废油回收艇等。

中国海军补给舰

4. 舰艇的发展简史

舰艇的发展历史悠久，大致可分三个时期。

(1) 古代战船

随着水上战争的出现，舟船开始用于战争，并逐渐发展出了各种专用战船。古代中国和东地中海一些国家是古代战船建造的先驱。早期的古代战船多是桨船。据史料记载，中国商朝末年（公元前11世纪），周武王伐纣时曾使用舟船运兵渡河。春秋时期（公元前770～前476），中国古代战船已有了适应战斗需要的型制。自战国、汉晋以来，一些沿海诸侯国把战船划分为“大翼”、“中翼”、“小翼”、“突冒”等，并有“余皇”一类的战船作为王船（旗舰）。西汉初期，战船有了进一步发展，主要战船——“楼船”高十余丈。三国时期，最大的楼船高5层。唐朝的李皋（公元733～792年）发明了行驶轻捷的车轮船。11世纪，中国四大发明之一的指南针开始装上战船，便于战船更远距离的作战。1130年，宋朝杨幺农民起义军使用的车轮船，最大的装有24个车轮，对称安装于两舷，用人力踏动，行驶迅速。明朝初期，郑和（公元1371～1435年）七次下西洋，所用“宝船”长44丈4尺（约148米），宽18丈（约60米），张12帆，是当时世界上最大的海船。明洪武（公元368～1398年）初年，战船上装备了碗口铳，便于海上作战。

在地中海地区，古代埃及、罗马、腓尼基、迦太基、希腊、波斯等国都曾建立过海上舰队。公元前3世纪，海军中有了单列、双列桨战船。

桨船为平底木船，靠人力划桨前进，航速较低，只适于在内河、湖泊和沿岸海区内活动。船上战斗人员使用刀、矛、箭、戟、弩炮、投掷器和纵火器等交战。有的战船，船首有尖锐的冲角或犁头，用以撞沉或犁沉敌船。中国古代桨船，装备有据说是公输般发明的钩拒，对敌船“退则钩之，进则拒之”，较大的战船还装有用以打击敌方战船的长的拍杆，这些都是近战格斗的有力战具。古罗马桨船采用两端带钩的接舷板，以利于进行接舷战。

风帆战船是以风力为主要动力，船体也是木质，但结构较坚固，吨位增大，船型狭长，船舷高，航海性能较好，能远离海岸活动。16～17 世纪，一些欧洲国家有了排水量为一千多吨、2～3 层甲板、装有几十门到上百门火炮的大型战船——战列舰。至 19 世纪中叶，战列舰的排水量达 4 000 吨，航速 10～14 节，装备舰炮一百多门。随后又出现了较战列舰吨位小、舰炮门数少、航速高，适于远洋巡航作战的巡洋舰。

在风帆战船发展的同时，适应舰队远洋作战需要的勤务船只也得到了相应的发展，主要是为了运送兵员和为舰队运送补给品的运输船。

（2）近代舰艇

19 世纪初，受工业发展的影响，军舰采用了蒸汽机，出现了明轮蒸汽舰。19 世纪 40 年代，出现了螺旋桨推进器蒸汽舰，舰炮从滑膛炮过渡到线膛炮，从发射球形实心弹过渡到发射圆锥形爆炸弹，从固定的舷炮发展到可旋转的炮塔炮。随着舰炮射程、命中率和破坏力的提高，迫使大型军舰更多关注自身的安全防护，采用装甲防护，出现了装甲舰。19 世纪下半叶开始，船体材料逐步由钢材取代木材。大型军舰的排水量增至 1 万吨以上，装备大功率蒸汽动力装置，具有更良好的机动性能，装备更多的武器，携带更多的燃料和军需品，使舰艇的战斗力大为提高。鱼雷和近代水雷问世后，出现了鱼雷艇、驱逐舰、布雷舰等中小型舰艇。鱼雷艇的出现，使巨舰大炮制胜的海战传统观念遇到了挑战，

俄罗斯“无畏”Ⅱ级导弹驱逐舰

正如恩格斯在《反杜林论》中指出的“最小的鱼雷艇将因此要比威力最大的装甲舰厉害”（《马克思恩格斯选集》第三卷第213页）。因此迫使大型军舰采取水下防护措施，如设置多层防雷隔舱等。中国近代海军始于清同治初年，受洋务运动的影响，中国大力发展北洋、南洋两支海军。曾拥有装甲舰、巡洋舰、炮舰、鱼雷艇等130多艘，排水总量约12万吨。中国于1889年建造的“平远”号巡洋舰，1902年建造的“建威”号和“建安”号鱼雷快船（即驱逐舰），都是当时性能较好的军舰。

20世纪初期，各主要海军国家大力发展装甲舰和装甲巡洋舰，以后分别改为战列舰和战列巡洋舰，排水量增至4万吨左右。同时出现了潜艇、护卫舰、扫雷舰艇、水上飞机母舰等新舰种。第一次世界大战前夕，英、法、俄、意、德、奥等国海军的主要战斗舰艇有战列舰、战列巡洋舰、巡洋舰、驱逐舰和潜艇共1 200余艘，在战争中显示出了很大威力。第一次世界大战期间，各国的勤务舰船从开始时的排水总量430万吨发展到3 000万吨。战后，一些海军国家继续建造战列舰、巡洋舰、驱逐舰、潜艇和大批快艇，并出现了航空母舰。

第二次世界大战前夕，英、美、法、德、意、日等国海军有战列舰、航空母舰、巡洋舰、驱逐舰和潜艇共一千多艘，还有大量小型的舰艇。第二次世界大战期间，航空母舰和潜艇发挥了显著作用，得到了迅速发展，成为各国海军的重要突击兵力。战列舰难以发挥它过去那种主力舰的作用，且易于遭受攻击，战后各国不再建造。

（3）现代舰艇

第二次世界大战后，随着现代科学技术和造船工业的迅速发展，舰艇的发展进入了崭新的阶段。20世纪50年代初期，航空母舰开始装备喷气式飞机和机载核武器。50年代中期，第一艘核动力潜艇建成服役。50年代末，导弹开始装备在舰艇上。20世纪60年代，出现了导弹巡洋舰、导弹驱逐舰、战略导弹核动力潜艇、核动力航空母舰、核动力巡洋舰和直升机母舰等。70 年代以来，出现了搭载垂直/短距起落飞机的航空母舰，通用两栖攻击舰，导弹、卫星跟踪测量船，海洋监视船等。大中型舰艇大多搭载有直升机，导弹已成为战斗舰艇的主要武器，装备了自动化的舰艇作战指挥系统和火控系统，先进的船舶设备（变螺距螺旋桨、艏转向装置、防摇水舱等）和电子仪器（惯性导航仪、雷达、卫星导航设备等）。水翼技术应用于快艇，气垫技术成功地应用于登陆艇和快艇。现代造船工业日趋模式化。这些科学技术最新成果的应用，大大提高了舰艇的战术技术性能。

现代勤务舰船也大量采用了新技术，如气垫船型和小水线面双体船型，核动力装置和燃气轮机动力装置，先进的船舶设备和电子仪器。

（4）舰艇未来的发展趋势

今后，将有更多的战斗舰艇采用水翼和气垫技术，小水线面双体型船将进入实用阶段。一些大中型战斗舰艇将装备中远程巡航导弹，将有更多的战斗舰艇装备近程巡航导弹、高发射率的密集阵火炮系统和电子对抗系统。更多的中小型舰艇将搭载直升机。将有更多的航空母舰和潜艇采用核动力装置，中小型舰艇将普遍采用柴油机、燃气轮机、柴油机—燃气轮机联合动力装置。还会出现超导电磁推进系统。舰艇的操纵、指挥、通信、导航和武器控制等将实现高度自动化。一些战斗舰艇和勤务舰船的排水量有增大的趋势，防护系统将更加完善，舰员的居住条件将进一

英国特拉法尔加级核动力攻击潜艇

步改善，未来十几年内，日、中、印等东亚国将步入海军强国先列。

水中武器

水中武器指在水下使用的鱼雷、水雷、深水炸弹、反鱼雷和反水雷等武器以及水中爆破器材的统称，又称水中兵器。水中武器由舰艇、飞机携载与使用，有的也可由岸台发射或布放，用以攻击、阻挠、对抗和毁伤水中或水面目标，在海战中广为应用。早在 12 世纪，中国就出现名为“水老鸦”的水中攻击兵器。鱼雷、水雷和深水炸弹在水中爆炸时，由于水的密度大于空气密度数百倍，水的可压缩性又远比空气小，致使爆炸的冲击波前压力比在空气中爆炸时增大许多倍，冲击波传播的衰减速度也远比在空气中为小，产生高压球形气团的脉动循环破坏作用，对目标造成严重毁伤。这是水中武器独具的特性，因此它的发展受到许多国家海军的重视。

军用飞机

1. 概述

军用飞机指用于直接参加战斗、保障战斗行动和军事训练的飞机的总称，是航空兵的主要技术装备。军用飞机主要包括：歼击机、轰炸机、歼击轰炸机、强击机、反潜巡逻机、武装直升机、侦察机、预警机、电子对抗飞机、炮兵侦察校射飞机、水上飞机、军用运输机、空中加油机和教练机等。飞机大量用于作战，使战争由平面发展到立体空间，对战略战术和军队组成等产生了重大影响。

2. 军用飞机简史

1903 年 12 月 17 日，美国莱特兄弟在人类历史上首次驾驶自已设计、制造的动力飞机实现了成功飞行。1909 年，美国陆军装备了第一架军用飞机，机上装有 1 台 30 马力的发动机，最大速度 68 千米/时。同年制成 1 架双座莱特 A 型飞机，用于训练飞行员。至 20 世纪 20 年代，军用飞机在法、德、英等国得到迅速发展，远远超过了飞机的原产国美国。

飞机最初用于军事主要是遂行侦察任务，偶尔也用于轰炸地面目标和攻击空中敌机。第一次世界大战期间，出现了专门为执行某种任务而研制的军用飞机，例如主要用于空战的歼击机，专门用于突击地面目标的轰炸机和用于直接支援地面部队作战的强击机。第二次世界大战前夕，单座单发动机歼击机和多座双发动机轰炸机，已经大量装备部队。20 世纪 30 年代后期，具有实用价值的直升机问世。第二次世界大战中，俯冲轰炸机和鱼雷轰炸机等得到广泛的使用，还出现了可长时间在高空飞行、有气密座舱的远程轰炸机，例如美军的 B－29。英、德、美等国把雷达装在歼击机上，专用于夜间作战，其中比较成功的有英国的“美丽战士”，德国的 BF110G－4 和美国的 P－61。执行电子侦察或电子干扰任务的电子对抗飞机，以及装有预警雷达的预警机也开始使用。二次大战中、后期，有的歼击机的飞行速度已达 750 千米/时左右，升限约 12 000 米，接近活塞式飞机的性能极限。

第二次世界大战后期，德国的 Me－262 和英国的“流星”喷气式歼击机开始用于作战。战后的几年，喷气式飞机发展很快，到了 1949 年，有些国家已拥有相当数量的喷气式飞机。当时著名的喷气式歼击机有前苏联的米格－15，美国的 F－80 和英国的“吸血鬼”；喷气式轰炸机有前苏联的伊尔－28 和英国的“堪培拉”等。20 世纪 50 年代中期，出现了歼击轰炸机，它逐渐取代了在第二次世界大战期间大量使用的轻型轰炸机。60 年代，歼击机型号很多，且多是超音速的；轰炸机型号也不少，多为亚音速的（美国的 B－58 和前苏联的图－22 等除外）。运输机一般也采用了喷气式发动机，大型运输机能装载 80～120 吨物资，如前苏

二战时英国兰开斯特轰炸机

联的安—22和美国的C—5A。飞行速度达3倍音速（称M 30）的高空侦察机，有前苏联的米格—25P和美国的SR—71。歼击轰炸机，强击机等都有不少新型号。在这些军用飞机中，有很多直到80年代初仍在服役，例如美国的F—111、F—4、B—52H，前苏联的米格—21、米格—23、图—95和法国的“幻影”Ⅲ等。20世纪70年代以来，军用飞机发展的一个重要特点是，直接用于作战的飞机大多向多用途方向发展，歼击机、歼击轰炸机和强击机三者的差别日益缩小，以致只能按这几种飞机研制或改装的首要目的确定其类别。

中国在1911年辛亥革命时，革命军武昌都督府从国外购进2架军用飞机。1914年，北京南苑航空学校曾设计并制造过飞机。1919年福建马尾船厂开始制造水上飞机。1930年，广州航空修理厂制造的“羊城号”飞机，装有1挺机枪，可挂4枚100磅炸弹。后来，还陆续试制过歼击机、轻型轰炸机和教练机。中华人民共和国成立后，开始生产军用飞机，现在已能研制和成批生产喷气式歼击机、强击机和轰炸机，还能生产不同类型的直升机、运输机、水上飞机和教练机等，并在国际兵器市场上占据一席之地。

3. 基本组成和机载设备

军用飞机主要由机体、动力装置、起落装置、操纵系统、液压气压系统、燃料系统等组成，并有机载通信设备、领航设备以及救生设备等。此外，直接用于战斗的飞机，还有机载火力控制系统和电子对抗系统等。

机体由机身、机翼和尾翼组成。有的飞机机身内设有炮塔和炸弹舱。为保证向喷气式发动机提供足够的空气，提高进气效率，在机体或发动机舱前面装有专门的进气口和进气道。机体主要用更轻型的铝合金制成，主要受力部件采用合金钢或钛合金，碳素纤维复合材料等非金属材料的应用也日益增多。

现代军用飞机的发动机多为涡轮喷气式或涡轮风扇式，也有一些是涡轮螺旋桨发动机，直升机普遍采用涡轮轴发动机。

操纵系统是飞行员用以操纵掌控飞机的装置。低速飞机靠飞行员用体力操纵驾驶杆和蹬舵，经过连杆、钢索的传动来操纵升降舵、方向舵、副翼等可动翼面；高速或大型飞机还装有助力操纵装置。20 世纪 80 年代的新型歼击机，已使用由计算机自动控制的电传操纵系统，飞行员根据需要进行操纵，计算机即自动处理，使飞机能够发挥最佳性能，且不致危及飞行安全。这种系统中的计算机，还可用来保持飞机的姿态稳定。飞机在飞行过程中，不完全依靠飞机气动外形等具有的安定性，很多情况下是靠计算机自动控制翼面产生的安定性。这样，可提高飞机的机动性，增强作战能力。由于对这种系统的可靠性要求很高，必须采用“余度技术”，每架飞机装有 3～4 套平行并共同工作的、由计算机等组成的操纵系统，即使有一两套发生故障，也可保证飞行安全。使用计算机等组成的操纵系统是飞机发展中的一项重大改革。

20 世纪 70 年代以来研制的直接用于战斗的飞机，往往将机载领航设备和火力控制系统合并为领航攻击系统，其自动化程度很高，适于全天候作战。飞机雷达告警器和飞机电子干扰设备，合并为统一的自卫电子对抗系统，可根据接收到的对方信号自动进行干扰。有些飞机的机载通信设备和地面对空指挥系统也结合起来，可随时接收地面指令，并实施自动显示。飞行员只需按照显示器上出现的信息操纵飞机，调节油门位置，即可保障飞机从有利位置接近目标并实施攻击。对地攻击时，目标及沿途地标的坐标，都可预先存入计算机，在飞行过程中，随时显示飞机位置及其与预存点的相对位置，引导飞机准时到达目标上空，并根据预定方案自动选用武器，进行攻击。

飞机上还有可供飞行人员了解飞行状态、各系统工作情况以及地面指令的显示装置。过去，大多数飞机用仪表和指示灯等作为显示手段。20 世纪 60 年代中期以来，逐渐改用平视和下视显示器。中、高空作战用的飞机，其座舱通常是密封的，舱内气压和温度可自动调节。当发生紧急情况，飞行人员需要离开飞机时，可借助救生设备迅速弹出，安全降落。

随着航空技术装备的日趋复杂，保障飞机工作可靠和维修简便，日益显得重要，这同提高飞机出勤率，缩短再次出动准备时间和提高飞机作战效能密切相关。为此，20 世纪 80 年代初的军用飞机已在以下四个方面取得进展：①飞机的大型部件如发动机、雷达等，改为单元体结构，排除故障只需更换有故障的单元；②重要系统和部件具有自行检测和监控能力；③在飞行中，飞机有自动记录故障的能力；④在防止人为差错、改善维护条件方面已有明显成效。有的歼击机每飞行 11 小时所需进行维护工作的时间，已从 60 年代的约 50 工时减少到 10～15 工时。飞机的定期维修，也逐步改为视情况维修与定期维修相结合的方式。

俄罗斯图 95 战略轰炸机

4. 军用飞机的基本性能

军用飞机的飞行速度、高度、航程和续航时间、作战半径等，即为军用飞机的基本性能。

（1）速度。60 年代以来，歼击机的最大速度，在高度 17 000

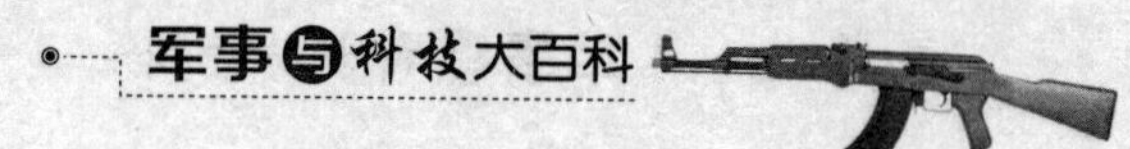

米时已达到 M2.8（M 表示马赫数，是飞行速度与当地音速之比，约 3 000 千米/时），多数歼击机在高空的最大速度为 M2.0 左右。轰炸机的最大速度是 M2.2，高空高速侦察机达 M3.0 以上，军用运输机也已达到 900～950 千米/时。飞机在低空飞行时，由于穿气密度大，机体结构可承受的速压强度与滞止温度有限，飞行速度不能太大。20 世纪 80 年代初，军用飞机靠近海平面飞行，最大允许速度不超过 1 500 千米/时。近 20 年来，仅就技术条件的可能性而言，直接用于战斗的飞机的最大速度还有提高的余地，但从作战需要和经济效益全面考虑，付出代价过高而并不值得，因此，飞机的最大速度并没有多大提高。

（2）高度。由于直接用于战斗的飞机并不需要飞得太高，20 世纪 60 年代以来，军用飞机的最大飞行高度（称升限）变化也不大。歼击机的实用升限在 20 000 米左右，高空侦察机如美国的 SR－71 和前苏联的米格－25p，实用升限约 25 000 米。用急跃升的方法所能达到的最大飞行高度（称动升限），有的军用飞机已达 35 000 米或更高一些。轰炸机和歼击轰炸机的实用升限，多数不超过 16 000 米。现代直接用于战斗的飞机，为避免被对方雷达早期发现，常从低空或超低空突防，某些起飞重量超过 100 吨的轰炸机，突防高度可低至 150 米左右，强击机的突防高度为 50～100 米。

（3）航程和续航时间。军用飞机的航程和续航时间一直在逐渐增加。歼击机的最大航程达 2 000 千米，带副油箱时可达 4 000 千米。轰炸机、军用运输机的最大航程达 14 000 千米。高空侦察机的航程超过 7 000 千米。如果对飞机进行空中加油，每加一次，航程可增加 20%～40%。如果可以进行多次空中加油，其最大航程就不受机内燃料数量的限制，而取决于飞行人员的耐力、氧气储存量或发动机的滑油量等因素。飞机的航程与发动机燃料消耗率（发动机工作 1 小时，平均产生每千克推力所消耗的燃料千克数）、起飞载油系数（机上燃料重量与飞机起飞重量之比）、巡航升阻比（巡航时飞机升力与阻力的比值）有关。20世纪60年代以来，飞机的起飞载油系数变化不大（歼击机为0.28～0.3，轰炸机为0.4～0.55），巡航升阻比也没有明显提高，主要靠降低发动机燃料消耗率来增大航程。涡轮喷气式发动机的燃料消耗率，由60年代的0.9千克/（千克·时）降至0.6千克/（千克·时），涡轮风扇发动机则更低一些。现代歼击机、歼击轰炸机和强击机的续航时间为1～2小时，带副油箱时达3～4小时。有的轰炸机，反潜巡逻机和军用运输机不进行空中加油，也能连续飞行10多个小时。

美国F—18战斗机

（4）作战半径。军用飞机的作战半径与飞机在战区活动时间长短、发动机使用方式、飞行高度等有关。了解现代直接用于战斗的飞机的作战半径，通常应知晓出航、突防和返航时的高度范围，例如“高、低、高”作战半径，即表示“出航时飞高空，接近目标突防时改为低空，返航时又飞高空”条件下的作战半径。喷气式飞机在大气对流层飞行时，飞得高一些比较省油，所以“高、低、高”作战半径较大。歼击机和歼击轰炸机的作战半径，约为航程的1/4～1/3（在战区活动时间3～5分钟）。轰炸机的作战半径约为航程的1/3～2/5。

（5）武器装备。军用飞机可装航炮和携带导弹、火箭、炸弹和鱼雷等武器，用于攻击空中、地面、水面或水下的敌方目标。

歼击机、歼击轰炸机、强击机、多数轰炸机和部分军用运输机等都装有航炮作为攻击或自卫武器。现代歼击机大都装有航炮，携带中、远距拦射空空导弹和格斗空空导弹。根据 20 世纪 70 年代后期以来多次局部战争的经验，现代空战主要应使用适于近距空战的空空导弹，即格斗导弹。70 年代研制的空空导弹中，格斗导弹多靠目标辐射的红外线制导；中、远距拦射导弹多用机载雷达制导，个别的如美国 AIM－120 导弹本身装有雷达，在接近目标时，可进行末段自动寻的制导。现代空军使用的有激光制导导弹，拦射导弹一般不受天气影响，能攻击高于载机 10～12 千米的目标，或从 4～5 千米高度攻击超低空飞行的目标，能从目标的各个方向发射，所以亦称为“三全”型导弹（指全天候、全高度、全方向）。利用全球定位系统的精确打击导弹目前成为世界各国研发和利用的方向。

现代直接用于战斗的飞机，一般都具有对地（或水面、水下）攻击能力，所用武器可分两类：一类是非制导武器，如航炮和一般炸弹；另一类是制导武器，如无线电遥控炸弹、激光制导炸弹、电视制导炸弹和空地导弹、空舰导弹和反潜导弹等。

5. 未来空军作战展望

没有制空权的战争很难取得胜利。现代战争中，军用飞机在夺取制空权、防空作战、支援地面部队和舰艇部队作战等方面，都将发挥更重要的作用。在可以预见的一个时期内，军用飞机的发展趋势主要是：①为了减少或摆脱对机场的依赖，将继续向垂直/短距起落方向发展；②无人驾驶飞机在军事上的应用将逐步扩展，有可能用于对地攻击以至空战；③在机载设备综合化和由计算机控制方面，将会有重大进步；④电子对抗系统将具有更为重要的地位；⑤在军用飞机的设计中进一步重视改进机体外形和大量采用非金属材料等“隐身”技术；⑥武装直升机将得到迅速发展，精确打击性能提高。

军用航天器

1. 概述

军用航天器指由地面发射的，在地球大气层以外，基本上按照天体力学的规律，沿一定轨道运行的应用于军事领域的各类飞行器。其中，环绕地球运行的航天器，有人造地球卫星、卫星式载人飞船、航天站和航天飞机；环绕月球和在行星际空间运行的航天器，有月球探测器、月球载人飞船和行星际探测器。

目前，军用航天器绝大部分是人造地球卫星（简称人造卫星），按用途可分为侦察卫星、通信卫星、导航卫星、测地卫星、气象卫星和反卫星卫星等。载人飞船、航天站和航天飞机，截至目前仍是军民合用，尚未发展成专门的军用载人航天器。

2. 飞行轨道

军用航天器大多采用环绕地球的近圆轨道，轨道高度和倾角随具体任务不同而异。例如，照相侦察卫星要求在光照条件基本相同的情况下，拍摄高分辨率的相片，采用较低的轨道，其中有些是太阳同步轨道；通信卫星要求通信覆盖面积大，采用高轨道，大多是地球同步轨道。

3. 航天器的组成

航天器由不同功能的若干系统和分系统组成。一般分为专用系统和保障系统两类。前者用于直接执行特定任务；后者用于保障专用系统，使之正常工作。

专用系统随航天器所执行的任务不同而异。例如，照相侦察卫星的可见光照相机或电视摄像机，电子侦察卫星的无线电接收机和天线，通信卫星的转发器和通信天线，导航卫星的双频发射机、高稳定度振荡器或原子钟，反卫星卫星的跟踪识别装置和武器等。

保障系统一般包括：①结构分系统。用于支承和固定航天器上的仪器设备，使各分系统构成一个整体，并承受力学和空间环境的载荷。它一般由壳体、框架、隔板和支架等组成。②温度控制分系统。用于保障仪器设备在空间环境中处于允许的温度范围之内。常用的温控材料和部件，有温控涂层、隔热材料、温控百叶窗、热管、加热器和热交换器等。③电源分系统。用于为航天器上的仪器设备提供电能。它一般由一次电源、控制器、功率变换器和一电缆网等组成。一次电源有太阳能电池、氧化银电池、燃料电池和核电池等。④姿态控制分系统。用于保持或改变航天器的运行姿态以满足任务需要，例如，使照相机镜头对准地面，使通信天线指向地球上某一区域等。常用的姿态控制方式，有三轴控制、自旋稳定、重办梯度稳定和磁力矩控制等。⑤轨道控制分系统。用于保持或改变航天器的运行轨道，通常由轨道机动发动机提供动力，由程序控制装置控制或由地面测控站遥控。⑥无线电测控分系统。包括航天器上的无线电跟踪、遥测和遥控三个部分。跟踪部分主要由信标机和应答机组成，用于发出信号以便地面测控站跟踪航天器并测量其轨道。遥测部分主要由传感器、调制器和发射机组成，用于测量并向地面发送航天器的各种参数。遥控部分一般由接收机和译码器组成，用于接收地面测控站发来的无线电指令，传送给有关分系统执行。⑦计算机分系统。用于贮存各种程序，进行信息处理和协调管理航天器上各有关分系统工作。⑧返回分系统。用于保障返回式航天器安全、准确返回地面。它一般由制动火箭、降落伞、着陆缓冲装置、标位装置和控制装置等组

间谍卫星

成。载人航天器除上述分系统外，还设有维持航天员生活和工作的生命保障分系统，以及仪表显示与手控、通信和应急救生等分系统。

4. 军用卫星

现代生活，无论是收看电视节目，预测天气还是出行，都离不开人造卫星。

在军事上，卫星更是有着无法替代、决定胜败的作用。在世界一些国家发射的航天器中，军用卫星的数量居首位，占三分之二以上。常见的军用卫星有：

（1）侦察卫星，用于获取军事情报的人造卫星。

侦察卫星一般可分为照相侦察、电子侦察、海洋监视和导弹预警等卫星。截至20世纪80年代中期，它们在军用卫星中发射的数量最多，已成为现代化作战指挥系统和战略武器系统的重要组成部分。

（2）通信卫星，用作无线电通信中继站的人造卫星。

军用通信卫星一般可分为战略和战术通信卫星两类。卫星通信不仅通信距离远、容量大、质量好、可靠性高，而且保密性好、机动性高、抗干扰能力强。

（3）导航卫星，为地面、海、空中和空间用户导航定位的人造卫星。

卫星导航具有全球覆盖、全天候、高精度和便于综合利用等优点，在军事上具有重要价值。

（4）测地卫星，专门用于大地测量的人造卫星。

卫星测地有几何方法和动力学方法。几何方法是通过同步测定几个地面点到卫星的方向和距离，构成空间三角网，计算出地面点坐标。动力学方法则是通过精确测定卫星轨道的摄动，推算出地面点坐标、地球形状和引力场参数等。卫星测地系统可用来测定地上任意点的坐标和测绘所需地区的地形图，在现代战争中具有重要价值。测地卫星的设备有闪光灯、激光反射镜、无线电

信标机和重力梯度仪等。

（5）气象卫星，专门用于气象观测的人造卫星。

通常将它发射到极地轨道和地球同步轨道上。气象卫星装有电视摄像机、微波辐射计、红外分光仪等设备，能连续、快速、大面积探测全球大气变化。

（6）反卫星卫星，对敌方人造卫星实施拦截或使其失效的人造卫星，又称拦截卫星。

它具有变轨能力，装备有跟踪识别装置和武器，可采用自身爆炸或使用强激光武器等攻击目标。

5. 军用航天器的发展趋势

军用航天器的发展趋势是：提高生存能力和抗干扰能力，实现全天时、全天候覆盖地球和实时传输信息，延长工作寿命，扩大军事用途和提高经济效益。

弹药

任何枪弹、炮弹、火箭的发射，都离不开弹药、燃料作为最初的推动力和击中目标后的爆炸、燃烧。

弹药指含有火药、炸药或其他装填物，能对目标起毁伤作用或完成其他战术任务的军械物品。包括枪弹、炮弹、手榴弹、枪榴弹、航空炸弹、火箭弹、导弹、鱼雷、水雷、地雷等，以及用于非军事目的的礼炮弹和狩猎、射击运动的用弹。

军用弹药一般由战斗部、投射部和稳定部等部分组成：①战斗部是各类弹药的核心部分，用于毁伤目标。典型的战斗部含壳体（弹体）、装填物及引信。壳体为战斗部的本体，装填物为毁伤目标的能源物质或战剂。常用的装填物有普通炸药、烟火药，还有生物战剂、化学战剂、核装药及其他物品。引信用于适时引爆装药，以充分发挥战斗部的作用。常用的引信分成触发、非触发、时间三种基本类型。战斗部按其作用，分为杀伤、爆破、穿甲、破甲、碎甲、燃烧等种类。此外，还有用于照明、发烟、宣传、电子干扰、侦察、传递信号及指示目标等特种战斗部。②投射部大多含有发射药或推进剂，用于提供投射动力。枪弹、炮弹的投射部为装有发射药的弹壳、药筒或药包；火箭和鱼雷的投射部则为自身的推进系统。③稳定部用以保证飞行稳定，以提高射击精度和发挥弹药威力。常用的稳定部有尾翼式和旋转式两种。此外，某些弹药还有制导部分，用以导引或控制战斗部进入目标区。

用身管武器发射的枪弹、炮弹，称为射击式弹药。常以身管发射武器的口径来标示大小。它具有初速大、射击精度高、经济性好等特点，是应用最广泛的弹药。主要用于压制敌人火力，杀伤有生目标，摧毁工事、坦克和其他技术装备。为增大射程，除应用火箭增程技术和采用脱壳弹结构外，还研制了底部排气弹及各种低阻力外形的远程炮弹。20 世纪 70 年代研制成功的末段制导炮弹，可在远距离上准确命中坦克等目标。

自身带有推进系统的导弹、火箭弹、鱼雷等，称为自推式弹药。近程导弹多用来对付坦克等战术目标。中、远程导弹常装核弹头，主要用于打击战略目标。火箭弹的发射装置比较简单，可多发联装，因而火力猛，突袭性强，适于作为压制兵器对付地面目标。轻型火箭弹可用便携式发射筒发射，适于步兵反坦克作战。鱼雷一般用热动力或电力驱动，带有制导系统，用于对付各种舰艇、潜艇。

航空炸弹

航空炸弹、手榴弹等称为投掷式弹药。通常设有投射部，可直接从飞机上投放，或采用人力投掷。航空炸弹常用质量（千克）标示量级，战斗部容量大，装填物较多，主要用于轰炸重点目标或对付集群目标。手榴弹为单兵携带，用于对付有生目标或轻型装甲目标。

地雷、水雷等称为布设式弹药。可用空投、炮射、火箭或人工等方式布设，用以毁伤敌人的步兵、坦克或舰艇。当目标碰触或接近时，引信受压或受感，使装药爆炸；也可采用遥控装置引爆。

核弹、化学弹和生物弹是特殊类型的弹药。具有大面积的杀伤破坏能力和污染环境的能力。核弹以梯恩梯当量（吨）标示量级，当然由于其巨大的杀伤性和破坏性，化学武器已全面禁止，核弹的使用也是必须慎之又慎的。

弹药的发展趋势是：采用新炸药、新材料，研制新引信，探索新的毁伤原理，以提高弹药威力；研制复合作用战斗部，增加单发弹药的多用途功能；发展集束式、子母式和多弹头战斗部，提高弹药打击集群目标和多个目标的能力；在航空炸弹和炮弹上加装简易的末段制导系统，提高弹药对点目标的命中精度；采用高能发射药，改善弹的外形或探索简易的增程途径，以增大弹药的射程。目前，激光制导、卫星导航遥控的高精确打击的弹药发展成为了各国军事发展的方向。

火箭

1. 概述

火箭指依靠火箭发动机发射器向后喷射工质摧动气流产生的反作用力而推进飞行的飞行器。由于它自身携带燃料与氧化剂，不需要空气中的氧助燃，因而它既可在大气中，又可在没有大气的外层空间飞行。现代火箭是快速远距离投送工具，可用于探空，发射人造卫星、载人飞船、航天站以及助推其他飞行器等。它用

在军事打击中，可投掷弹头，便构成火箭武器。

2. 火箭发展简史

火箭最早起源于中国，是中国古代重大发明之一。古代中国火药的发明与使用，给火箭的问世创造了条件。北宋后期，民间流行的能升空的“流星”（后称“起火”），已利用了火药燃气的反作用力。按其工作原理，“起火”一类的烟火就是世界上最早的用于玩赏的火箭。南宋时期，出现了军用火箭。到明朝初年，军用火箭已相当完善并广泛用于战场，被称为“军中利器”。明代初期兵书《火龙神器阵法》和明代晚期的兵书《武备志》以及其他有关中外文献，均详细记载了中国古代火箭的形制和使用情况。仅《武备志》便记载了 20 多种火药火箭，其中的“火龙出水”已是现代二级火箭的雏形。

中国火箭传到欧洲之后，曾被列为军队的装备。但早期的火箭射程近，射击散布太大，被后来兴起的火炮所取代。第一次世界大战后，随着技术的进步，各种火箭武器又迅速发展起来，并在第二次世界大战中显示了巨大威力。

美国战神 I－X 火箭

19 世纪末 20 世纪初，液体燃料火箭技术开始兴起。1903 年，俄国科学家齐奥尔科夫斯基提出建造大型液体火箭的设想和设计原理。1926 年，美国火箭技术科学家戈达德试射了第一枚无控液体火箭。1944 年，德国首次将有控弹道式液体火箭 V－2 用于战争。第二次世界大战后，前苏联和美国等相继研制出包括洲际导弹在内的各种火箭武器和运载火箭。在发展现代火箭技术方面，德国工程师冯·布劳恩，前苏联

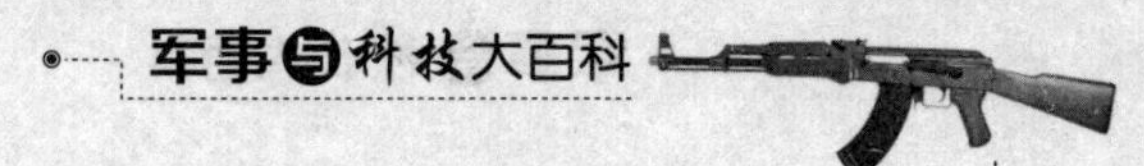

科学家科罗廖夫和中国科学家钱学森等都做出了杰出的贡献。

1949 年中华人民共和国成立后，组建了研制现代火箭的专门机构，在“独立自主，自力更生”的方针指导下，卓有成效地研制出多种类型的火箭，并于 1970 年用“长征”1 号三级火箭成功地发射了第一颗人造地球卫星。1975 年，用更大推力的火箭——“长征”2 号，发射了可回收的重型卫星。1980 年，向南太平洋海域成功地发射了新型运载火箭。1982 年，潜艇水下发射火箭又获成功。特别是 1984 年 4 月 8 日和 1986 年 2 月 1 日，用装有液氢液氧发动机的“长征”3 号火箭，先后发射地球同步试验通信卫星。随着嫦娥工程的展开，中国火箭技术日益成熟，并赢得了国际上的认可和赞誉。这一系列的成功表明，火箭发源地的中国，在现代火箭技术方面已跨入世界先进国家行列。

3. 分类与组成

火箭通常可分为固体与液体火箭，有控与无控火箭，单级与多级火箭，近程、中程与远程火箭等。火箭的种类虽然很多，但其组成部分及工作原理是基本相同的。除有效载荷外，有控火箭必不可少的组成部分有动力装置、制导系统和箭体。

动力装置是发动机及其推进剂供应系统的统称，是火箭赖以高速飞行的动力源。其中，发动机按其工质，可分为化学火箭发动机、核火箭发动机、电火箭发动机等。在 20 世纪 80～90 年代广泛使用的是化学火箭发动机，它是靠化学推进剂在燃烧室内进行化学反应释放出的能量转化为推力的。近年来，固体燃料推进剂被广泛使用。在发动机效率相同的情况下，单位时间内燃烧与喷射的物质越多，喷射速度越大，发动机推力就越大。在推力相同的情况下，结构重量越轻，单位时间内消耗推进剂越少，发动机性能就越高。推力与推进剂每秒消耗量之比称为比推力，它是鉴定发动机性能的主要指标。比推力越大越好，其大小与发动机设计、制造水平有关，但更主要的是取决于选用什么推进剂。火箭发动机推力的大小，是根据其特点和用途选定的，小到以毫克计，如电火箭发动机；大到上千吨，如“嫦娥”号的固体助推发动机。

有了足够的推力，火箭便可克服地球引力而飞离地面。但对有控火箭而言，为保证在飞行过程中不致翻滚，而且准确地导向目标，还需有精确的制导系统。该系统的功用是实时地控制火箭的飞行方向、高度、距离、速度以及飞行姿态等，亦即控制火箭的质心运动和绕质心的转动（俯仰、偏航与滚动），使火箭稳定而精确地飞抵目标。制导系统的日臻完善和精度的迅速提高，是现代火箭技术的一大特点。

箭体是火箭另一个不可缺少的组成部分，火箭的各个系统都安装其上，并容纳大量的推进剂。箭体结构除要求具有空气动力外形外，还要求在完成既定功能的前提下，重量越轻越好，体积越小越好。在起飞重量一定时，其结构重量轻，就可以得到较大的飞行速度或距离。

减轻箭体结构重量的途径，除设计技巧和工艺方法外，结构材料和结构型式的选择也很重要。从结构材料看，钢材比铝材强度高得多，但因钢的比重几乎是铝的 3 倍，因而论比强度（强度极限 α_b 与比重 7 之比），铝合金比钢反而更具优越，具有同样功能的箭体结构，铝合金制的比钢的轻。所以，铝合金成为现代火箭箭体的基本材料。此外，比强度很高的非金属复合材料也开始得到应用。由结构型式看，单级火箭比较简单，近、中程火箭多采用这种型式。可是要撼以较小的起飞重量得到很大速度和飞向宇宙空间，就必须采用多级火箭的结构型式，即在飞行中将已经用过的发动机和推进剂贮箱等及时抛掉，然后启动下一级火箭，以便“轻装前进”。因此，远程火箭及运载火箭一般都由 2～4 级组成，有些小型火箭为获得高性能，也采用多级结构。

除上述主要的三大系统之外，还有电源系统，有时还根据需要在火箭上安装初始定位定向、安全控制、无线电遥测以及外弹道测量等附加系统。

导弹武器系统

1. 导弹武器系统的组成

士兵用枪射击，首先要侦察，确定目标；其次要瞄准，力求发射出去的枪弹能打中敌人；第三是开枪（发射）。不论侦察、瞄准，还是开枪，都要通过人的大脑来指挥。发射导弹打击目标的过程也同用枪射击相类似。一要有导弹系统；二要有侦察瞄准系统；三要有指挥系统。所不同的是，枪弹射击距离近，而导弹飞行距离远，要有一个提供飞行动力的推进分系统；枪弹射出后就不管了，而导弹要在飞行中不断控制和校正弹道，以保持飞行稳定，减少各种干扰造成的误差，提高命中的精度，所以要有一个制导分系统；枪用于歼灭有生力量，而导弹用于攻击重要战略或战术目标，因此要有一个比枪弹威力大得多、复杂得多的弹头分系统，要把上述三个分系统装配成整体，又需要有弹体结构分系统；要使上述几个分系统能正常工作，还需要有一个弹上电源分系统。此外，枪和枪弹很小，一个人用双手就能摆弄，而导弹没有那样轻巧，除便携式反坦克、反飞机等小型导弹外，一般均需有供导弹运输、测试和发射的专门设备，即地面（机载、舰载）设备系统。

这样，导弹、地面（机载、舰载）设备、侦察瞄准和指挥等四大系统，即构成导弹武器系统。其中，导弹系统是导弹武器系统的核心。

（1）推进分系统

推进分系统是用于推进导弹飞行的装置，也称动力装置。它主要由导弹发动机和推进剂供给系统组成。已用于推进导弹飞行的发动机种类很多，通常分为火箭发动机和空气喷气发动机两大类。采用化学推进剂的火箭发动机有液体火箭发动机、固体火箭发动机、固一液或液一固火箭发动机等；采用空气喷气发动机的有涡轮喷气发动机、涡轮风扇喷气发动机、冲压喷气发动机，以及V—1用过的脉动冲压喷气发动机等。还有一些是上述两类发动机的复合品种，如其中有一种用于地空导弹助推加速的固体火箭发动机，当推进剂烧完后，燃烧室打开堵盖，引入冲压空气，注入燃料，同时打开喷管喉部或抛掉喷管，扩大通道，变成冲压喷气发动机的燃烧室，转入冲压式的工作状态。导弹选用发动机的准则是：①根据发动机工作的环境条件选择。如果不用空气中的氧助燃，可以在大气层以外工作，应选用火箭发动机；靠空气中的氧助燃，在大气层工作，应选用空气喷气发动机。②按发动机工作时间的长短选择。火箭发动机单位推力的重量很小，但每单位推力每秒钟所消耗的推进剂量很大。相反，涡轮风扇喷气发动机，其单位推力的重量很大，但每单位推力每秒钟燃料的消耗量很小。因而，只需短时间工作的，如地地弹道导弹、空空导弹等，应选用火箭发动机比较合适；需要长时间工作的，如战略巡航导弹的发动机要工作一小时以上，最好采用涡轮风扇喷气发动机。③根据用途来选择。如用作航天器的运载火箭，常选用液体火箭发动机，而战术导弹则更多的是选用固体火箭发动机。

（2）制导分系统

制导分系统用于控制导弹的飞行方向、姿态、高度和速度等，使导弹能稳定而准确地飞向目标，是导弹区别于无控火箭和普通炮弹的主要特征。其理论基础是工程控制论。导弹产生控制力矩的方式通常有两大类：一类是调整活动舵面；另一类是改变推力方向（如摆动喷管、燃气舵或游动发动机）。不论哪种方式，控制信号都来自制导分系统的敏感元件。但这个信号很微弱，需要经过放大和变换，作用于伺服机构，才能推动舵面或摆动喷管等。

通常，用命中精度来描述导弹命中目标的准确程度。对打固定目标的导弹来说，它的表达术语称为圆公算偏差。这是一个长度的统计量，即向一个目标打多发导弹之后，要求有一半导弹能落入以目标为圆心，以圆公算偏差为半径的圆圈内。要使命中精度高，最重要的是制导分系统的精度要高。它是导弹的一个重要技术关键。战略导弹攻击的是固定目标，其惯性制导分系统又不易受外界干扰，问题还比较单一。而战术导弹，所攻击的目标多数是活动的，其制导分系统不但要不断地接受控制飞行的信号（如无线电信号），而且还要避免敌方干扰。因此要求设计和制造精度高而又能避免干扰的制导分系统。无线电制导的防空导弹必须运用抗无线电干扰的措施。近程反坦克导弹多用有线制导，也可用红外制导或激光制导，20 世纪 80 年代有些国家又在研究用光导纤维传输信号的制导方式。

（3）弹头分系统

弹头分系统是导弹用于毁伤目标的专用装置，又称战斗部。它主要由壳体、战斗装药、引爆装置和保险装置等组成。战略导弹都用核弹头。战术导弹多用常规弹头。不论是常规弹头、核弹头，还是化学战剂、生物战剂弹头，从第二次世界大战以来，均发展很快。

俄罗斯 S—400“凯旋”防空导弹

（4）弹体结构分系统

弹体结构分系统用于安装弹上各分系统的承力整体结构。首先要求它比强度高，即强度高重量轻，因此常用优质轻合金材料（如铝合金、钛合金等）和玻璃钢等复合材料制成。其次是它的外形设计须符合空气动力学的要求。在大气层内飞行的地空、空空等导弹，其空气动力学的外形是影响其飞行性能的主要因素。与飞机相比，导弹飞行时间短，对升阻比的要求相对可低些。但导弹飞行速度快，要求有更高的机动飞行能力。战略弹道导弹，其弹头再入大气层时要解决几千摄氏度的高温这一难题。因此，再入气动防热是战略弹道导弹弹头制造的一个特殊问题，需把空气动力学、工程热物理和材料工艺等多种学科结合起来，才能解决。如弹头在再入大气层后，还要求能作机动飞行，弹头结构的设计则更加复杂。

（5）弹上电源的系统

弹上电源分系统是用于保证导弹各分系统正常工作的能源装置。除弹上电池外，通常还包括各种配电和变电装置。对电池的要求是单位重量的贮电能量越大越好，常用的有银锌电池等。有的导弹如巡航导弹，也可以用涡轮风扇喷气发动机带动的小型发电机来发电。

（6）地面设备系统

地面（机载、舰载）设备系统包括用于导弹运输、测试和发射等地面设备及机载、舰载等特种设备，是导弹武器系统不可缺少的组成部分。导弹的种类繁多，使用的地面（机载、舰载）设备也多种多样。一般说来，它需完成运输、起竖对接，测试、加注推进剂，供气、保温，发射和导引等项任务。有些导弹的侦察、瞄准和指挥设备，也包括在地面（机载、舰载）设备内。导弹地面（机载、舰载）设备，须力求简单可靠，操作方便，又易于隐蔽机动，具有防空袭能力，其具体组成取决于导弹类型、导引方法和发射方式。战略导弹如何机动发射，已成为体现其生存能力的一个十分复杂而困难的问题。

（7）侦察瞄准系统

许多战术导弹的侦察瞄准（探测跟踪）系统可以是弹上的一个装置，也可以是地面制导设备的一部分。但在战略导弹中，侦察瞄准静制导是明确地分为先后的。特别是战略核导弹用的侦察瞄准系统，有的国家已将其发展成为一个独立的专门系统，其中包括综合利用测地卫星、侦察卫星等获取的信息，以及其他经济、军事情报的成果，来最后确定打击目标的准确坐标。并据此规定射击方向和取区射击诸元，使发射后的导弹能按要求自动地准确导向打击目标。

（8）指挥系统

指挥系统用于指挥员对所属部队发号施令，沟通上下级指挥机关之间以及和友邻部队之间信息交换的技术设备的统称。其具体组成按导弹类型不同而有差异。由于现代战争的突然性增大，武器的速度、射程、精度与威力大大增加，争取时间和提高指挥效能已成为克敌制胜的一个重要条件，这对导弹部队来说尤为重要。为此，必须进一步提高指挥系统各组成部分的自动化水平，改进设备性能，使其具有及时、准确、可靠、保密、抗干扰和在核战争环境中的生存能力，并根据军队指挥的系统性要求，将不同使命的导弹指挥系统，按作战编成和指挥序列，分别列入全军的自动化指挥控制通信系统之中。

2. 导弹武器系统的研制

科技与军事的结合及国家经济发展和国防重点的不同，决定了各国家在军工研制中的资金和技术力量投入。

研制（包括研究、设计和试制）从提出导弹武器系统研制任务开始，经过各系统中关键技术的预先研究，制定全武器系统的性能估计方案，并对其作战功能进行军事系统工程评价、反复协调修改、确定战术技术指标，进行初步设计和技术设计，样机制造，武器系统及弹上分系统的各种地面试验，试制和靶场飞行试验，全武器系统的设计、工艺定型，到批准批量生产和国家验收等约分为十个阶段。

若想开展导弹武器系统的研制工作，须有一支高效的科技队伍，每个系统都有自己的专业组织。由于导弹武器系统十分复杂，协调各系统的工作，如研制进度、成本、技术参数和设计更改等是一项十分重要的任务。协调不好，即便各系统的技术性能优越，也会因相互钳制而发挥不出全部性能，使整个武器系统达不到预期的战术技术指标。为了做好这项工作，导弹武器系统的研制应由技术来抓总部门，即总体设计部；要指定专项的设计负责人，即型号总设计师。

总体设计部是总设计师抓技术业务的办事机构。它的职责不是去代替各系统专业部门的工作，而是按系统工程的要求，着重抓好下列几件事：①与提出任务的部门一起论证和确定武器的战术技术指标；②协调研制计划；③商定各系统的技术性能；④与有关技术行政管理部门一起，不断地研究与协调各系统的效费比、成本与产品的可靠性，使其与全武器系统的指标要求相适应；⑤抓各系统的地面联合试验，全武器系统的地面仿真试验和飞行试验；⑥参加定型工作，为生产提供定型的设计、工艺资料；⑦在生产中提供技术咨询。

在导弹武器系统的研制中，需要特别强调一下现在较为流行的地面仿真试验。它是在电脑技术发达的今天，实验室条件下，用部分真实设备，在模拟式和数字式电子计算机上，形成一个比较真实的模拟导弹武器从发射到命中全过程的体系，以检验全导弹武器系统工作的协调性，发现错差和失误，逐步做到最优化。这比用靶场飞行试验来检验，时间和经费都少得多，而且能够做很多次。它不但可用于导弹武器系统的研制试验和对其作战功能进行军事系统工程评价，还可以在武器定型后，作为导弹部队的训练设备。这样，既可使武器方案制订得比较合理，使设计更符合实战要求，又可使部队多次重复演习，熟练操作，比用实弹训练节约很多费用。

3. 导弹武器对战略战术的影响

导弹武器特别是核导弹具有射程远、速度快、命中精度高、杀伤破坏威力大的优点，是武器发展史中的一次质的飞跃。它必然对现代战争的战略思想、战争规模、作战方式、指挥通信系统、军队组织编制，乃至作战心理等产生巨大的影响，给未来战争带来一系列新的特点。第二次世界大战以来，世界军事形势的发展以及历次重大军事冲突中，明显地说明了这一点。

MX 和平卫士洲际导弹

导弹技术日新月异，随着武器性能的提高，战略、战术也在变化。40 多年来，世界上发生过几次使用战术导弹的局部战争，有了一些经验，但这些经验都是在一定的政治和地理条件下取得的，不能完全作为在不同情况下使用导弹武器作战的依据。有一些国家进行过多次近似实战条件的有导弹部队参加的联合军事演习，也不能完全揭示出未来战略、战术的有关问题。况且这种演习成本消耗太大，不能经常进行。比较适宜的战术研究方法，是把组成战斗力的诸因素和敌我双方的主要关系，用数学模型表述出来，以计算机为主要工具，进行仿作战真。再在此基础上，进行少量的军事演习加以验证。

关于导弹武器对战略的影响，要综合考虑各种因素，充分利用好现代科技条件，多做模拟分析，多观察美俄等军事大国的军情动向、武器信息等，才能为中国导弹武器的现状和发展方向作出正确的评估。

化学武器

1. 概述

化学武器指以毒剂杀伤敌方有生军事力量的各种武器、器材

的总称。包括装有毒剂的化学炮弹、航弹、火箭弹、导弹和化学地雷，利用飞机布洒器的毒烟施放器材，以及装有毒剂的二元化学炮弹、航弹等。化学武器在使用时，将毒剂分散成蒸气、液滴、气溶胶或粉末等状态，使空气、地面、水源和物体染毒，以杀伤、疲惫敌方有生力量，迟滞敌方军事行动。有毒武器和化学武器的使用者后来受到广大爱好和平的人们的反对和谴责，中国人民在二战中，也深受其害。1925 年 6 月 17 日，国际联盟在日内瓦召开的“管制武器，军火和战争工具国际贸易会议”上签署了《禁止在战争中使用窒息性，毒性或其他气体和细菌作战方法的议定书》。中华民国政府于 1929 年 8 月 7 日宣布加入该议定书。1952 年 7 月 13 日，中华人民共和国政府发表声明，宣布承认该议定书。中国历来反对使用化学武器，主张全面禁止和彻底销毁化学武器。

2. 化学武器简史

20 世纪初，化学工业在欧洲一些工业国家的迅速兴起和军事上的需要，为现代化学武器的发展提供了条件。在第一次世界大战期间，化学武器逐步形成具有重要军事意义的制式武器。战争开始后不久，德军就使用过装有喷嚏徍毒剂的榴霰弹，法军也使用过装有催泪性毒剂的枪榴弹，由于毒性低、装量少，都没有起到决定战局的作用。1915 年 4 月，德军利用大量液氯钢瓶，吹放具有窒息作用的氯气，使英法联军遭受严重伤亡。但是，钢瓶吹放仅适于少数低沸点毒剂，使用时准备工作非常复杂，并

日本的毒气弹和防毒战服

受风向风速的制约。因此，有的国家大力研制专用武器。例如，英军先后使用了“李文斯”（Livens）投射器（每弹装填毒剂约15千克）和“司托克斯”（Stokes）迫击炮（每弹装填毒剂3～4千克）。这两种抛射式武器比吹放钢瓶有了很大改进，但仍较为笨重，且射程近、机动性能差。随着毒剂的发展，交战国又竞相研制化学炮弹。1916年2月，法军使用了75毫米装有光气的致死性化学炮弹。1917年7月，德军使用了能透过皮肤杀伤的芥子气炮弹。利用火炮发射的化学弹，既可装填多种毒剂，又便于实现突然、集中、大量用毒的战术要求。因此，1918年火炮发射的毒剂量，已达交战各国所用毒剂总量的90%以上。

化学武器在第一次世界大战中的大量使用，让参加双方的士兵深受其害，受到全世界舆论的强烈谴责，但发展从未停止。随着炮兵、空军技术兵器、毒剂及其分散技术的改进，相继出现了定距空爆的各种化学炮弹，着发和定距空爆的化学航空炸弹，以及飞机布洒器、布毒车等。1936～1944年，为了扩军备战，德国先后研制出几种神经性毒剂，其毒性较原有的毒剂大几十倍。日本关东军也在中国进行各种毒气弹、细菌武器实验，其行为令人发指！还有一些国家继续加强毒剂及其使用技术的研究，着重发展远程火炮、多管火箭炮、飞机等投射的大面积杀伤化学武器。20世纪50年代以来，先后出现了神经性毒剂化学火箭弹、导弹和二元化学武器，装有多枚至上百枚小弹的子母弹、集束弹，成为大口径化学弹药的重要构型。毒剂及其投射工具的发展，确立了化学武器在现代军事技术中的重要地位。现代化学武器与常规投射兵器的广泛结合，使火力密度、机动范围和同重量毒剂的覆盖面积，都达到了更高的水平。此外，有些国家的军队还将植物杀伤剂用于军事目的。50年代初，英军在马来西亚丛林作战时，首先用植物杀伤剂使热带雨林的树叶脱落；20世纪60年代，美军在侵略越南的战争中用其大规模地毁坏森林和农作物。

3. 化学武器分类

（1）按毒剂的分散方式，化学武器可分为：①爆炸分散型，通常由弹体、毒剂、装药、爆管和引信组成，借炸药爆炸分散毒剂。如液态毒剂化学弹、化学地雷及部分固态毒剂化学弹等。②热分散型，借烟火剂等热源将毒剂蒸发、升华，形成毒烟、毒雾。如装填固态毒剂的毒烟罐、毒烟手榴弹、毒烟炮弹，以及装填液态毒剂的毒雾航弹等。③布撒型，通常由毒剂容器和加压输送装置组成，使用固态毒剂溶液、低挥发度液态毒剂或粉末状毒剂，经喷口喷出造成地面和空气染毒。如飞机布洒器、布毒车、气溶胶发生器，以及喷洒型弹药等。（2）按化学武器装备于不同的部队，可分为：①步兵化学武器。主要有毒烟罐、化学手（枪）榴弹、地雷、小口径化学迫击炮弹和布洒车等。②炮兵、导弹部队化学武器。主要有各种火炮、火箭炮的化学弹，化学火箭、导弹等。舰用化学武器亦属此类。③航空兵化学武器。主要有化学航空炸弹（子母弹、集束弹）和飞机布洒器等。

4. 性能特点

化学武器与常规武器比较，有以下特点：①杀伤途径多。染毒空气可经呼吸道吸入、皮肤吸收中毒；毒剂液滴可经皮肤渗透中毒；染毒的食物和水可经消化道吸收中毒。多数爆炸分散型化学弹药还有破片杀伤作用。②持续时间长。化学武器的杀伤作用可延续几分钟、几小时，有时达几天、几十天。③杀伤范围广。化学炮弹比普通炮弹的杀伤面积一般要大几倍至几十倍。染毒空气并随风扩散很远，还可以渗入不密闭、无滤毒设施的装甲车辆、工事、建筑物等，沉积、滞留于沟壕和低洼处，伤害隐蔽的有生力量。化学武器与常规武器、核武器结合使用，还能增大杀伤效果。④受气象、地形条件的影响较大。如大风、大雨、大雪和近地层空气的对流，都会严重削弱毒剂的伤害作用，甚至限制某些化学武器的使用。不同地形对毒气传播、扩散和毒剂蒸发的影响，也能造成使用效果的较大差别。

化学武器是一种威力较大的杀伤性武器。由于杀伤力巨大且成本低廉，一些国家正在加紧研制和生产杀伤力更大、机动性更好的新型化学武器。但是，化学武器的使用有一定的局限性，及时采取防护措施，可大大降低其杀伤作用。

在1938年戴防毒面具开进南京的日海军炮兵部队

生物武器

1．概述

生物武器指利用生物制剂来杀伤敌人及其施放工具的总称。生物武器是能使人、畜致病，农作物受害的特种武器。

第一次世界大战期间，德国曾首先研制和使用生物武器（当时称为细菌武器）。日本帝国主义侵略军在侵华战争中，美军在朝鲜战争中，也曾研制和使用细菌武器。第二次世界大战后，一些国家违反国际公约，漠视舆论谴责，仍继续研究和生产新的生物武器。

2．分类

生物战剂区分为：①细菌类。主要有炭疽杆菌、鼠疫杆菌、霍乱弧菌、野兔热杆菌、布氏杆菌等。②病毒类。主要有黄热病病毒、委内瑞拉马脑炎病毒、天花病毒、马尔堡病毒等。③立克次体类。主要有流行性斑疹伤寒立克次体、Q热立克次体等。④衣原体类。主要有鸟疫衣原体。⑤毒素类。主要有肉毒杆菌毒素、葡萄球菌肠毒素等。⑥真菌类。主要有球孢子菌、组织包浆菌等。

3. 生物武器施放

过去，生物武器主要是利用飞机投弹，施放带菌昆虫动物。今后将主要利用飞机、舰艇携带喷雾装置，在空中、海上施放生物战剂气溶胶；或将生物战剂装入炮弹、炸弹、导弹内施放，爆炸后形成生物战剂气溶胶。

生物战剂有极强的致病性和传染性，可以造成大批人、畜受染发病，并且多数可以互相传染。受染面积广，大量使用时可传染到几百或几千平方千米范围内，危害作用持久。炭疽杆菌芽孢在适应条件下能存活数十年之久。带菌昆虫、动物在存活期间，均能使人、畜受染发病，对人、畜造成长期危害。但生物战剂受自然条件影响大，在使用上受到限制。日光、风雨、气温均可影响其存活时间和效力。采取周密的防护措施，也能大大减少它的作用。

1937 年在上海，戴着防毒面具准备毒气战的日军

1972 年 4 月 10 日签订的《禁止细菌（生物）和毒素武器的发展、生产及储存以及销毁这类武器的公约》，1975 年 3 月 26 日生效。中华人民共和国于 1984 年 11 月 15 日加入该公约，并严格遵守着一个负责任大国的承诺。

第二章　导弹科技发展与战争应用

“爱国者”导弹诞生记

在20世纪90年代的海湾战争中，美国的“爱国者”导弹曾经多次击落伊拉克的“飞毛腿”导弹。海湾这个石油宝库的上空紧张激烈的导弹大战引起世界各国的广泛注意。“爱国者”导弹因此名声大振，许多国家纷纷订购或者仿制，军事家们甚至认为“导弹战的时代已经到来”。

“爱国者”导弹是美国一种性能先进的远程防空导弹，它是“冷战时代”美、苏两个超级大国激烈军备竞赛的产物。在第二次世界大战以后很长的时间里，美国空军的技术水平和装备数量在全世界首屈一指，它是美苏角逐中一张有力的王牌。然而进入20世纪60年代以后，形势发生了显著变化。首先，前苏联大力发展各种“萨姆”防空导弹和高射炮，组成完善的远、中、近结合的全空域防御体系，战效显著，曾在越南和中东战场上不断击落美国飞机。其次，前苏联还竭尽全力加速发展航空工业。每年生产的军用飞机数量达到1 000架以上，超过美国产量将近一倍。而且新研制成功的米格－25、米格－27、图－26等战斗机、轰炸机，装有激光指示器、多普勒导航仪等先进仪器和空对地导弹、多管火箭发射器等先进武器，它们的飞行距离、有效载荷、突防能力有了显著提高。尤其是“逆火”式战略轰炸机的问世引起美

国极大忧虑，它的最大航程达到 9 650 千米，最大飞行速度 2 650 千米/小时，装有地形跟踪雷达、卫星导航系统等先进电子设备，并可携载 9 000 千克重的核弹和远程攻击导弹，给美国和北约国家带来很大的军事威胁。

早在二次大战后期，美国为了对付日军“神风敢死队”的自杀飞机，就曾研究过一种“云雀”防空导弹。但是限于当时的技术水平，这种导弹的射程近、精度差，并未大量投入战场使用。战后在此基础上继续发展，美军先后制成了“波马克”、“奈基”、“霍克”防空导弹，逐步形成以导弹为主的远、中、近结合的防空火力体系。但是这些导弹大多是 60 年代的产品，在前苏联新式飞机面前显得陈旧落后。美国陆军参谋长伤感地承认，“今天的美国再也不会像朝鲜、越南战场上那样不会受到空中袭击的威胁！”

为了彻底改变这种状况，美军火箭导弹局于 1965 年制订一项“萨姆－D”武器研究计划。所谓“萨姆－D”，就是“开发型防空导弹”的简称。对它提出的要求是：要能有效地摧毁在各种不同高度以超高速飞行的、携载有核武器的重型战略轰炸机或弹道导弹等重要空中目标；要有高度的机动能力，能在世界上任何地点、任何时间迅速投入战斗；要能在未来战场上严重电子对抗的环境中具有良好的生存力和命中率；最后，要尽可能简化武器结构、降低研制、训练和维修费用，希望这种武器能在美国和北约国家普遍装备使用。

工程师们接受任务后经过反复论证、研究，发现要能及时捕获敌方超高速飞行目标，关键在于选择设计好先进的雷达体制。当时许多防空导弹采用的雷达种类很多，但都存在不足之处。如前苏联“萨姆－6”导弹的连续波照射雷达，英国“长剑”导弹的脉冲多普勒雷达，它们在抗地物杂波干扰和偶极子金属丝干扰时都有较好的效果，可是遇到多批次飞机大规模空中袭击和严重电子干扰时就存在明显不足。“萨姆－D”导弹设计组充分考虑到未来战场上极其复杂的电子对抗环境，决定采用更先进的相控阵雷达。这种雷达的主要特点是利用大量铁氧体移相器组成7个独立的天线阵列，通过改变阵列单元上相位分布的方法产生相关激励信号。利用这种电子扫描方法克服了以往雷达机械扫描的缺点，可在几微秒时间里进行快速转换，从而不用转动天线就可以在极短的时间里把雷达波束射向天空中任何方向，并且可以辐射出多个波束进行目标搜索。还可以利用1个波束进行目标搜索，由其他波束对已发现的目标或发射出去的导弹进行连续跟踪，这样，一部雷达能起到多部雷达的作用，可以同时监视和跟踪多批次、多层次、多方向来袭的空中目标，并控制数枚导弹同时攻击不同类型的目标，即使对方采取战术机动、电子干扰也很难破坏其正常工作。因此，相控阵雷达的问世是雷达技术的重大突破，并使防空导弹的性能得到显著提高。

为了进一步提高雷达的自适应能力，还在火控系统上配用了一部专门设计的高速数字式计算机，它可以在几微秒时间内完成转换空间波束、改变波形和功率等控制工作，并能自动控制雷达的全部工作和导弹的飞行。

俄罗"斯萨姆—6"型导弹

1967年，美国陆军与雷声公司正式签订研究合同。到了1969年，由于研究试验费用极其昂贵，美国国会要求停止这项研究。经过陆军参谋部据理力争，竭力强调这种新式武器对美国的极端重要性，研究计划总算保留了下来。1973年，美军对导弹制导系统总共进行了14次试验，其中12次获得了成功。1976年，美军对这种武器正式定名为"爱国者"防空导弹系统。1980年以后开始小批量生产，并在驻德国美军中先装备1个营。以后在其他北约国家逐步装备，逐渐取代陈旧的"奈基"导弹。

制成的全套“爱国者”导弹系统由1部多功能相控阵雷达、1个射击控制中心和1～2辆导弹发射车组成。雷达天线呈大型面板状，上部的主天线阵列装有5 161个移相器，主要用于目标搜索、目标跟踪和导弹制导。右下方的中型天线由251个移相器组成，用于接收导弹的信息。此外还有5个小型天线用于对付敌机的各种电子干扰。1部雷达可以同时跟踪100多个目标，控制8枚“爱国者”导弹的飞行，其中的3枚导弹可以同时处于末段飞行状态。雷达的抗干扰能力比原有设备提高了6～10倍，1部雷达实际上代替了“奈基”导弹的5部旧式雷达。

“爱国者”导弹全长5.2米，直径406毫米，重约1 000千克。导弹的最大射程为80千米，最小射程3千米，最大射高24千米，最小射高500米。平时密封在4联装发射箱内，装在拖车上用牵引车牵引。发射箱兼做包装、贮存和运输箱。战斗部重约91千克，内装68千克炸药，引爆后产生大量破片，可以击毁20米半径范围内的飞行目标。作战时，可以根据目标威胁程度的不同选择不同的发射程序，既可以对单个目标进行单发射击，也可以向多批目标进行快速连续射击。同“霍克”防空导弹比较，“爱国者”导弹对低空目标的射击精度提高了8倍。而全套武器的备用件只有“霍克”导弹的1/10，电子元件的可靠性提高了一个数量级，操作人员减少2/3，训练和维护保养费用减少一半。全套武器系统可以装在军用载重车上运送，也可用运输机和直升机进行空运。根据原定计划，“爱国者”导弹应在1991年在西欧地

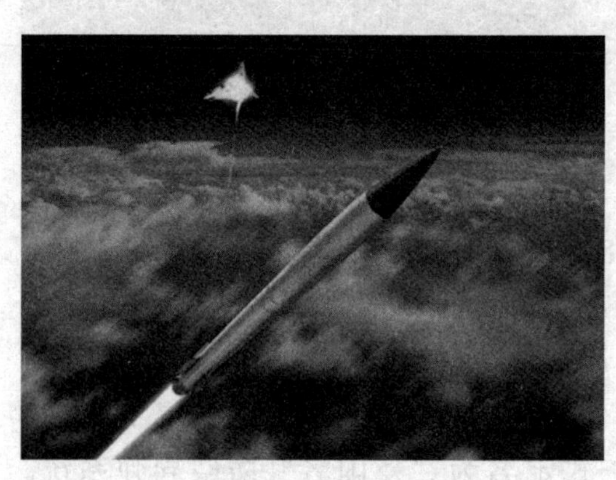

美军“爱国者”导弹

区部署完毕。但是这时阿拉伯海湾地区危机日益严重，美国为了对付伊拉克的“飞毛腿”导弹，匆忙把大量“爱国者”导弹运到海湾战场，于是美伊战争中，“爱国者”与“飞毛腿”之间发生了一场空前激烈的大战。

先进的制导武器是取得战争胜利的一个关键因素。1991 年海湾战争中，美国“爱国者”导弹成功地拦截并摧毁伊拉克的“飞毛腿”导弹就是一个典型的例子。“爱国者”导弹是美国地空导弹的第四代，1980 年服役，海湾战争中首次实战应用。它的制导体制先进，采用了指令与半主动寻的复合制导方法，提高了制导精度和抗干扰能力，同时又有一个先进的预警和引导系统，实战中单发命中率在 90%以上。而伊拉克军方拥有的“飞毛腿”则是前苏联 20 世纪 60 年代研制的第二代出口型地对地中程技术导弹，制导及其他技术都比“爱国者”落后了整整两代，而且抗干扰能力差，体积大，速度慢。因此，虽然伊拉克先后发射了 80 多枚“飞毛腿”导弹，但有 60 多枚被“爱国者”导弹摧毁。最后伊拉克以失败告终自然也就在情理之中。

前苏联洲际导弹发展史话

前苏联是世界上第一个社会主义国家，它在 1917 年 10 月诞生后不久，就面临着严重的危机：国内白匪叛乱、国际上资本主义包围的严重威胁。新生的苏维埃政权在极端困难的条件下，积极加强武装力量，研究新式武器装备，对付国内外敌人的疯狂进攻。

前苏联对火箭的研究有着悠久的历史。早在 19 世纪沙皇统治时期，一些科学家就研究了多种火箭武器。在 1854 年的塞瓦斯托波尔保卫战和 1877 年的俄土战争中，俄军已经使用了康斯坦丁诺夫将军设计的火箭。十月革命以后，前苏联开始有计划地研究制造火箭武器。1928 年 3 月，由季霍米罗夫领导的实验室制造了前

“喀秋莎”火箭炮

苏联的第一枚无烟火药火箭。1929～1933 年，在彼得罗巴甫洛夫斯基等人的领导下，研究试验了 9 种不同类型的火箭。1939 年 8 月，前苏联空军在哈拉哈河地区的一次空战中，首次使用了 82 毫米火箭弹。第二次世界大战中前苏联对有控火箭和无控火箭进行大量研究，并制成了著名的“喀秋莎”火箭炮。1947 年 10 月，前苏联成功地发射了第 1 枚国产弹道式火箭。1948 年后，前苏联制造的第 1 枚洲际弹道导弹试验成功。

20 世纪 50 年代以后，前苏联和美国长期处于紧张的冷战状态，大力研究发展了各种远射程战略武器，并于 1960 年建立一个新的军种——战略火箭军。它由 6 个火箭集团军组成，兵力从最初的数万人逐步发展到数十万人。集团军为最高编成单位，以下按“三三制”编为师、团、营、连。战略火箭军作为一个独立的军种，执行最重要的战略任务，可在极短时间里发射战略导弹，摧毁远距离上敌方大面积战略目标，给敌方以毁灭性打击。

前苏联在加强战略火箭军建设的过程中，特别重视研究发展各种新式洲际弹道导弹和中程导弹。当时，前苏联对这些武器的研究是极其保密的，美国千方百计想知道对手的军事情况，通过侦察卫星和高空侦察机的多年侦察，才发现了一些蛛丝马迹。美军了解到苏方战略火箭军领导着 3 个大型火箭导弹发射场。在伏尔加河的下游，有个卡普斯地亚尔发射场，这是前苏联最早的导弹试验靶场。早在 1947 年前后，就在这里对二次大战中缴获的德国 V2 导弹进行过数百次试验。20 世纪 50～60 年代，苏军对几种洲际弹道导弹和中程导弹进行了试验。在哈萨克境内有个丘拉坦发射场，这是苏军规模最大的军用发射场，这里是一片浩瀚的沙漠，进行远程导弹试验既安全又保密。又由于是大陆性气候，晴朗的天气便于顺利进行各种发射试验，前苏联早期的SS－5、SS－6洲际弹道导弹和70年代的SS－18、SS－19导弹都是在这里进行飞行试验的。发射的导弹有两个弹着区，陆上弹着区位于堪察加半岛，离发射场约5 800千米，用于试验中程导弹，也可对洲际弹道导弹作非全程飞行试验。另一个是海上弹着区，位于太平洋中部圣诞岛附近水域，距离约有12 000千米，主要用来进行中远程战略导弹的试验。在白海以南地区还有个普列谢茨克发射场，这是由一个洲际导弹基地改建而成的导弹试验场，它又划分为人造卫星发射区、洲际导弹发射区和技术保障区三个区，已先后发射各种军用侦察卫星、气象卫星、通信卫星和洲际导弹1 200多次，是全世界发射次数最多的发射场之一。

前苏联的战略导弹武器在20世纪50年代已初具规模。1955年开始研制的SS－4中程弹道导弹是第一代战略导弹，它采用单级液体火箭发动机，导弹全长21米，直径1.65米，起飞重量27吨，最大速度6.7倍音速，射程1 930千米。它采用惯性制导方式，可以从地面固定阵地发射，也可以采用机动发射方式。另一种第一代战略武器是SS－5导弹，它的全长增到24.5米，直径2.44米，采用地下井发射，起飞重量55吨，最大射程3 500千米。战斗部重1 600千克，核装药威力为100万吨梯恩梯当量，这种导弹在1964年公开露面，到1971年约装备了100枚。SS－6是第一代洲际弹道导弹，1954年开始研制，1959年装备部队。它的全长有30米，直径就有8.5米，起飞重量300吨，最大射程可达8 000千米。它采用无线电制导方式，命中精度较低，反应时间长，弹体大而笨重，生存能力较低，因此仅装备了10枚便退出现役。可是这种导弹为以后发展运载火箭奠定了基础。前苏联1957年10月的第一颗人造卫星就是用它来发射的。

20 世纪 60～70 年代，前苏联的战略武器有了重大发展，到 80 年代中期，已形成洋洋大观的 5 代产品，20 多个型号，从而成为全世界装备战略导弹种类最多、数量最大的超级大国。其中在 60 年代研制或装备的第二代产品有 SS－7、SS－8 导弹，前者又叫“马鞍 1”型战略弹道导弹，全长 32.5 米，射程 11 000 千米。采用全惯性制导、地下井发射，命中精度、生存能力比 SS－6 都有很大提高。后者又叫“黑羚羊”导弹，采用地下井热发射。射程 11 000 千米，反应时间仅为 60 秒。1972 年首次展出的 SS－11 属于第三代战略导弹，共有 3 种不同型号，射程分别为 8 800 千米、10 000 千米和 13 000 千米。动力装置采用两级液体火箭发动机，采用可贮存的液体推进剂。SS－16 是第三代战略弹道导弹，1977 年在森林地带小道上机动发射试验成功。用地下发射井发射的成功率为 90%。同一时期研制的 SS－17 属于第四代战略热核武器，这是一种分导式多弹头洲际弹道导弹，射程 10 000 千米，命中精度 450 米。这种导弹到 1982 年共部署了 150 枚。

苏联 SS－17 洲际弹道导弹

1983 年，美国总统里根提出“战略防御计划”即“星球大战计划”，标志着美国军事战略的重大变化。这一动向引起前苏联的密切注意。前苏联军事家在仔细研究了这一计划后指出，美国是在战略防御的幌子下秘密研究攻击性太空武器，企图利用“星球大战”武器来摧毁前苏联的战略导弹基地。为此前苏联加快研究步伐，于 20 世纪 80 年代研究和装备了 SS－24、SS－25 等第五代

洲际弹道导弹。

苏军新一代导弹的突出特点是提高了命中精度、突防能力、机动能力和生存能力。SS－24 导弹采用了三级固体燃料火箭发动机和惯性制导系统，导弹全长 22 米，直径 2 米，起飞重量 65 吨，最大射程 13 000 千米，最小射程 10 000 千米，命中精度为 200 米，精度比第四代导弹提高 1 倍以上，是前苏联同类武器中精度最高的一种。它最初于 1985 年装备在原来 SS－11 导弹的发射井中，以后又装在由列车改装的铁路发射车上，从而大大提高了陆地机动能力和战场生存能力，成为世界上第一种铁路机动型洲际弹道导弹。美国直到 1991 年才部署了类似的铁路机动型武器。SS－24 导弹的另一特点是采用了分导式多弹头战斗部。弹内共有 10 个分导式子弹头，每个子弹头内装有制导装置和 35 吨梯恩梯当量的核装料，可以同时向 10 个不同方向的重要目标实施核突击。SS－25 是一种公路机动型洲际弹道导弹，它既可以从固定设置的地下井发射，也可以从公路上进行机动发射。在紧急情况下，只要打开导弹贮存库就可以在原地起竖发射。导弹长约 19 米，直径为 1.8 米，起飞重量 35 吨，最大射程 10 000 千米左右。最初制成的导弹只用单个战斗部，以后研究试验了分导式多弹头战斗部。到 20 世纪 90 年代初苏军部署了约 100 枚。曾据北约军事家估计，苏军全部战略导弹中，约有半数是先进的 SS－24 和 SS－25 导弹。

战争促进了制导武器的发展，而和平将在更大程度上促进制导武器的完善与更新。因为爱好和平的人们，要想制止战争也必须掌握现代化的精确制导武器。

当今，制导技术的应用已不仅仅限于武器方面，一切空间技术都离不开对飞行器的制导。比如，人造卫星、宇宙飞船等等，都必须运用现代化的制导技术，才能使它们正常运行。人类已经实现了用制导雷达控制宇宙飞船在星球上完成着陆飞行，对人造卫星，不仅能控制它的发射和运行，而且还能回收。

比“飞毛腿”更厉害的新式武器

“飞毛腿”导弹虽然在海湾战场出尽风头，然而它不过是较为陈旧的产品。只是由于伊拉克总统萨达姆威胁说要用它进行化学战，才使美国、以色列紧张了一阵。实际上前苏联在向外国推销“飞毛腿”导弹的同时，已在研究一种性能更先进的战术导弹，这就是SS－23型地对地战役战术导弹。它在最大射程、命中精度和作战使用性能方面都超过了“飞毛腿”导弹，属于20世纪80年代的第三代产品。我们知道，“飞毛腿”是在60～70年代广泛使用的武器。当时前苏联的军事战略是要准备同美国打一场核大战，所以比较重视导弹实施核袭击的能力，对于常规战斗部的攻击能力并不十分重视。由于核战斗部有着大规模破坏性作用，所以对于它是否能够非常精确地击中目标似乎也不十分重要。可是进入20世纪80年代后，国际形势发生很大变化，打核大战的危险趋于减小，而常规战争却在世界各地不断发生，这时人们迫切需要的是能够精确命中目标的远射程的常规武器。SS－23导弹就在这样的形势下应运而生。

越南陆军飞毛腿B近程弹道导弹

SS－23在苏军中叫OTP－23地对地战役战术导弹，北约国家叫它“毒蜘蛛”导弹。它约在80年代初装备了前苏联方面军和集团军的战役战术火箭旅，取代原来装备的“飞毛腿”导弹。每个火箭旅内编有3个营，每营2个连，每连2辆发射车，全旅共12辆。有的重型火箭旅内，每营编有3个发射连，全旅18辆发射车。全套武器采用了新型封闭式发射箱，行军状态时，大型发射箱平卧在车上，与整个驾驶舱一起形成长长的箱式结构。导弹表面涂有迷彩色，便于在战场上伪装隐蔽，同时它也可保护导弹免受日晒雨淋和尘土侵蚀。进入战斗状态时，车体上方的护盖自动开启，发射架起竖后就可以进行射击准备。这种导弹的长度只有7.52米，比“飞毛腿”缩短了3.6米。可是最大射程却增大了60%，达到590千米。它的战斗部比“飞毛腿”要大得多，直径从880毫米扩大到970毫米。这样可以装进更多烈性炸药，摧毁更加坚固的钢筋混凝土工事或其他重要军事目标。同时也可以配用核装料战斗部，威力和“飞毛腿”相同，约合10万吨梯恩梯当量。

“毒蜘蛛”导弹制成后，苏方很快就装备到苏军导弹部队。截止1987年，苏军共部署了大约400多枚“毒蜘蛛”导弹。另有少量出口到东德、保加利亚、捷克斯洛伐克等华沙条约国家。1989年前后，苏美签订有关裁减核武器的条约，苏联全部销毁了“毒蜘蛛”导弹。历史的变幻实在让人捉摸不透：比“飞毛腿”更厉害的“毒蜘蛛”未能上战场一显身手就被付之一炬。

1991年，苏联这个世界上最早诞生的社会主义国家宣告解体。以后前苏联最大的加盟共和国俄罗斯利用原有雄厚的导弹工业基础，继续研究新式地对地战术导弹。他们利用“毒蜘蛛”导弹的固体燃料火箭发动机，试制了一种KY—19型地球物理火箭。接着，机械工业设计局又研制了一种与“毒蜘蛛”类似的新式导弹，西方国家还没有搞清楚它的正式名称，目前暂时叫它SS—X—26导弹，SS表示“地对地”的意思，X则表示“试验型”而不是正式定型装备的武器。它采用固体燃料火箭发动机，全长7.3米，直径920毫米，最大射程500千米。作为海湾战争以后创制出的武器，设计中必然会考虑怎样防止“爱国者”导弹的拦截，估计提高了对付地空导弹和其他反导武器的能力。为了提高攻击能力，为它研究了多种新式战斗部。一种是燃料空气炸药战斗部（又叫“气浪弹”），它爆炸后产生的强大冲击波可以摧毁各种坚固防御工事和主战坦克。另一种是集束式战斗部，它可以射出多个小型战斗部攻击大面积目标。这种比“飞毛腿”和“毒蜘蛛”更厉害的新式导弹，目前尚处于野外试验和小批量生产阶段，估计正式投入战场使用的时间不会太远。

“SS 家族”三兄弟

1954 年 11 月 1 日凌晨，非洲国家、前法国殖民地阿尔及利亚游击队，对法国殖民军控制的 30 多个军事目标进行突然袭击，从此揭开了阿尔及利亚民族独立战争的序幕。法国军队遭到袭击后，紧急调来大批军队和各种武器装备，企图扑灭阿人民斗争的熊熊烈火。但是阿尔及利亚国土辽阔，南部有广阔的沙漠，北部则山岭绵连，丛林密布，地势险要。为了民族独立而战的游击队员依托崇山峻岭，神出鬼没，勇敢机智，屡战屡胜。当法军侦察到游击队的踪迹赶到现场，他们早已躲进山洞、峡谷之中。待法军转身撤走时，他们又从这些洞穴中猛烈开枪射击，打得法国殖民军人仰马翻、狼狈逃窜。

正在这时，法国试制的 SS－10 反坦克导弹刚刚试验成功。于是法军赶紧把它从法国运到阿尔及利亚前线，装在直升机上向山洞中的阿游击队据点射击，造成游击队的一些伤亡。以后游击队改变了策略，加强对空警戒和防空火力，击落不少法军的武装直升机。经过长达 7 年多的艰苦斗争，阿尔及利亚终于获得胜利，结束了 130 多年的法国殖民统治。这场战争表明：新式反坦克导弹并不能挽救法国殖民主义的失败。

其实，法国早在 1946 年就开始研究反坦克导弹，是世界上最

早研制和装备这种武器的国家之一。1955 年制成 SS－10 反坦克导弹后，瑞典、德国等许多国家都曾引进，甚至当时的美国还没有试制成功，便购进这种导弹装备美军地面部队。法国在试制 SS－10导弹过程中很可能借鉴了“小红帽”导弹的一些经验。它采用的也是目视瞄准、手工控制的方式。射手在操作时既要用双目随时看着导弹的飞行和坦克的运动，又要通过操纵手柄发送指令，控制和修正导弹的飞行方向，这样就容易让操作者手忙脚乱而使导弹偏离正确的航向。

SS－10 导弹的弹体较短而粗，全长 0.86 米，直径 165 毫米，弹头呈钝卵圆状。弹体前部为战斗部，后部为发动机和引信，周围有 4 片弹翼。它的飞行速度较慢，每秒 80 米左右。最大射程 1 600 米，最小射程 300 米。战斗部引爆后可以击穿 420 毫米厚的装甲。用今天的标准来衡量，SS－10 的性能并不先进。但在当时的技术条件下，它已算对付坦克的相当先进的武器。以后，法国军火公司还在 SS－10 的基础上，先后制造成功 SS－11、SS－12 和“安塔克”反坦克导弹，形成射程不同、威力各异的第一代反坦克导弹家族。其中的 SS－11 导弹是由北方航空公司根据陆军技术部的作战要求，于 1953 年开始研制的，1958 年起投入成批生产并装备法国陆军。它的最大射程比 SS－10 增加了将近 1 倍，达到 3 000 米，最小射程 500 米。导弹飞行速度也从 80 米/秒增大到 160 米/秒。战斗部内装有 1.5 千克炸药，可击穿 600 毫米厚的装甲。为了使它具有多种作战功能，除了配用破甲战斗部外，还可使用其他各种不同功能的战斗部，如其中的 140AP 型战斗部兼有破甲、杀伤和爆破作用，可以在最大射程上穿透 10 毫米厚的装甲，并在它后面 2 米距离上发生爆炸，破坏武器装备或杀伤敌士兵。20 世纪 60 年代初制成的 SS－1181 型导弹采用晶体管发射装置，全套武器系统更加轻便可靠，制成后受到部队欢迎，大量销售到中东和非洲国家，并在第四次中东战争和越南战争中被交战方大量使用。

20 世纪 70 年代初期，为了提高反坦克导弹的作战能力，法军又在 SS—11 的基础上制成大威力、远射程、多功能的 SS—12 型导弹。它的长度增大到 1.87 米，弹体直径 180 毫米，前端战斗部的直径扩大到 210 毫米，发射重量达到 75 千克。动力装置采用两级固体燃料火箭发动机，内装 16 千克双基燃料，可使导弹的最大飞行速度达到 260 米/秒，最大射程达到 6 000 米。为了提高战斗使用的灵活性，法军专门研究了 3 种不同样式的发射器。当它用普通发射架时，可以放在地面发射，也可以架在军舰上发射，成为军舰在海面作战使用的武器。在装甲车上发射时使用一种特制的发射台。另一种挂架式发射装置专供飞机或直升机从空中发射时使用。根据不同作战任务要求，它还配用不同的战斗部。在攻击坦克等装甲目标时使用空心装药破甲战斗部，可以击穿 800 毫米厚的装甲。在攻击生动目标时采用破片杀伤战斗部。此外还可以装反潜战斗部或核战斗部，供特种战斗中使用。

在 20 世纪 50～60 年代，许多西方国家都已研制和装备了各种反坦克导弹，但是只有法国形成了远、近结合，轻、重配套的 SS—10、SS—11 和 SS—12 导弹系列，因此在世界军事、军火市场上产生较大影响，先后出口到 20 多个国家。直到 20 世纪 70 年代以后出现了更先进的第二代反坦克导弹，SS 家族才逐渐退出了现役。

享誉海外的中国“红箭”

1987 年春夏之交，北京机场上车来人往。两架波音 747 客机载着一批工程师和军事专家，分别飞往“地球的两边”——他们将到美洲和南亚一些国家，去进行“红箭—8”反坦克导弹射击表演。4 月的南亚，由于受热带高压海洋性气候的影响，时而阳光灿烂，时而狂风大作，夹杂着黄沙铺天盖地而来。在这样恶劣的环境中，要使导弹射击取得成功，连外国工程师心中都没有底。

有的外国朋友甚至建议中方推迟表演日期。然而我国代表团对自己的武器充满信心，恶劣天气正是最好的考验。靶场内外一片静默。只见操作武器的射手沉着地握住仪器，周密地搜索目标。不一会儿，目标进入瞄准镜十字线，只听见“嗖!”的一声，一枚导弹急速地飞向空中，朝着正前方风驰电掣般地飞去。转眼间，“轰!”的一声巨响，“红箭”导弹准确地击中了 2 800 米外的坦克目标。试射成功了，靶场上响起热烈的掌声。

在南美洲的灌木林中，“红箭”导弹时而向着 2 000 米外的活动目标猛烈射击，时而向着 3 000 米外的固定目标突然开火，目标在导弹袭击下被彻底摧毁。一位外国国防部长激动地说：“表演非常成功！简直完美无缺！我们真正看到了中国导弹的水平!”另一位代表团长高兴地称赞：“中国的‘红箭’，OK！我们要大量购买!”一时间，第三世界国家将目标汇集到中国“红箭”这一神秘武器上，掀起了一场舆论热潮。

我国的“红箭”导弹，是广大科技人员经过长期艰苦努力获得的丰硕成果。早在 20 世纪 60 年代初期，我国处于三年自然灾害的极端困难条件下，就已开始反坦克导弹的研究。70 年代初，制成了中国最早一批反坦克导弹，通过国家靶场试验、热区试验和寒区试验后，正式定型为“红箭－73”式反坦克导弹，此后该导弹大量装备部队。这种导弹具有重量轻、体积小、射程远、威力大等许多优点，在多次试验中飞行可靠性达到 95%，命中率达到 80%左右。这在当时已是相当先进的水平。导弹直径 120 毫米，长 0.86 米，重 11.3 千克。弹体前部是战斗部和引信，后部有起飞和续航发动机。弹体后部有 4 片折叠式弹翼。导弹采用目视瞄准、手柄操纵、有线传输指令的制导方式。战场使用时由 4 名士兵携带一套地面控制设备和 4 具发射装置。进入发射阵地后，射手用瞄准镜一面跟踪运动的目标，一面跟踪导弹的飞行。与此同时，射手凭经验判断导弹偏离瞄准线的偏差量，通过控制手柄的转动给出制导指令。这些指令经过导线传送给导弹，不断修正导弹的飞行方向和俯仰角度，直到最后命中目标，引爆战斗部将它摧毁。完成第一次攻击后，射手将控制盒上的开关转到另一具发射装置，发射另一发弹以攻击新的目标。待4发弹全部发射完毕后，立即撤收发射装置转移到新的阵地，补充弹药后继续战斗。

HJ（红箭）—73反坦克导弹

“红箭—73”导弹的研制成功，填补了我国反坦克武器系列中的空白，使中国部队的反坦克能力得到显著提高，它标志着我国反坦克武器的研究工作从此进入了一个崭新的阶段。不过，“红箭—73”只是属于“第一代”产品，它的制导方式有着某些先天性不足。射手既要眼观导弹、坦克，又要手工操作手柄控制导弹飞行，操作时十分困难，因为，射手个人的技术水平往往影响命中目标的精度。而且导弹的飞行速度比较慢，容易遭到敌人的火力杀伤。而这一时期国外已研制成功较先进的第二代导弹，法国制成“米兰”、“霍特”导弹，美国制成“龙”式近程弹和“陶”式远程弹。于是我国科研人员再接再厉，不失时机地开展了第二代反坦克导弹的研究试验。

当时，部队提出新式反坦克导弹的最大射程为3 000米，最小射程100米。军方希望导弹的飞行速度提高到200米/秒以上，飞完最远距离的时间不超过15秒。中国的导弹设计专家在接受了这项任务后，查阅了国内外大量文献资料，对西方国家的各种方案进行了研究，最后提出了我国第二代反坦克导弹的总体设计方案。所谓“第二代”导弹，它的主要特点是制导系统有了重大改进，不再像“第一代”产品那样既要目视跟踪导弹、坦克，又要手工控制传送指令，而是在导弹尾部安装了一个红外光源，在瞄准镜旁边增加了一具红外测角仪。导弹发射到空中后不断发出红外信号。射手用瞄准镜内的十字线对准目标，就能通过测角仪测量出导弹偏离瞄准线的偏差量，再经过计算装置快速计算出修正量后，就可发出控制指令引导导弹沿着正确的方向飞向目标。采取这种制导方式明显减轻了射手的负担，可以更有效地控制导弹的飞行，显著提高命中目标的精度。我国专家在设计中一方面借鉴国外的经验，另一方面独立自主地走自己的道路，许多技术难题经过刻苦钻研最终得以顺利解决，而且技术途径颇有创新精神。例如制导系统采用红外测角仪后，要求开始搜索目标时仪器具有较宽阔的视场，以便及早获得目标信号。在导弹即将命中目标的时候要求具有较高测量精度，以便精确地命中目标。为了既能大范围搜索目标，又能小范围精确跟踪目标，要求采用一种双视场光学系统，但在当时技术条件下很难在短时间里试制成功。为了克服这一技术上的困难，专家们经过反复研究提出解决困难的办法，同时采用两个不同视场的光学系统，中间设置一个转换开关。只要及时利用开关转换，就可以顺利地从广角视场转换到窄视场。

"红箭—8"导弹像其他第二代导弹一样，采用了发射筒发射的方式，但它不是用导弹上的起飞发动机推动起飞，而是在发射筒内装有一具发射器，由发射器先将导弹推送出筒外，待飞到离筒口大约 5 米处点燃弹上双室双推力串联式火箭发动机，使导弹不断地增大飞行速度。当飞行速度达到 200 米/秒时，增速发动机停止工作，改由续航发动机驱动导弹，使它保持均匀速度继续向前飞行。采用发射筒发射时，"红箭—8"弹体后部的弹翼最初是折叠起来包裹在弹体表面的，飞出筒口后迅速向四周张开，它的作用是为导弹提供升力。选择什么材料制造弹翼，这是设计师们遇到的另一难题，因为这种材料既不能太软，又不能太硬；既要有足够的强度，又要有一定的挠度。经过对玻璃钢、铝合金等许多材料进行大量试验，最后选用模压纤维增强塑料终于获得了成功。

全套“红箭－8”武器系统由导弹、发射制导装置等部分组成。导弹直径120毫米，长0.87米，翼展320毫米，重11.2千克。导弹平时密封在发射筒中，发射出筒后导弹是旋转着向前飞行的。导弹飞行中可以通过燃气舵机进行360°方向控制。导弹可以由步兵装在地面三脚架上发射，也可装在轻型装甲车或其他车上发射。在车上发射时采用升降式发射架。转动升降机，就可使发射装置和筒装导弹伸出车窗，对敌人进行快速瞄准射击。导弹对100～500米距离的目标射击时命中率70％，对500～3 000米目标射击的命中率达到90％以上。引爆战斗部后可击穿180毫米厚的装甲。它除可用来攻击坦克等装甲目标外，也可用来摧毁敌人的火力点和坚固防御工事，甚至对空中目标的射击也取得了良好的实验效果。

从迫击炮弹到X－4导弹

自从飞机投入战场上使用以后，使得战略战术发生了重大变化，交战作战的空间得到极大扩展，从平面战争发展成立体战争。最初的空中作战由于还没有制造出专用的武器，敌我双方的飞行员只是拿着手枪互相射击。以后经过不断发展，才在飞机上装备了机枪、机炮、火箭。不过这些武器的射程近、精度差，很难击落敌人高速飞行的战斗机。二次大战后期，苏、美等国对德国实施大规模战略轰炸，德军迫切需要能够对付飞机的新式武器。他们除了加紧制造大口径高射炮和防空导弹外，还研究试验了多种机载武器，企图从空中就将同盟国的战机击落。

当时德军中大量使用着Me109式战斗机，它的飞行速度和机动性能都比较好，战争期间经过多次改进，总产量达到33 000

架。但是这种飞机存在不足之处，就是它只配有 2 门小口径机炮和 2 挺机枪，在空战中往往显得火力不足。为了加强火力，他们进行了广泛的研究试验。最初的设想，是对飞机进行改进后，使它能够发射迫击炮弹。这种炮弹的直径有 210 毫米，重量约 80 千克，飞行速度 320 米/秒。有的德国飞行员自告奋勇，要用这种武器袭击前苏联的飞机。在 1944 年的一次空战中，他们果然用迫击炮弹击中了苏方飞机。不过要将迫击炮列入飞机的正式武器，毕竟是不可实现的。于是他们又改变计划，设想在炮弹上安装制导装置，制成可以精确制导的空对空导弹。

最初的试验是用无控火箭进行的。他们制成了一种代号为 R4M 的火箭，它的直径为 55 毫米，重量只有 4 千克。尾部装有稳定翼，最大飞行速度 250 米/秒，最大射程约 1 800 米。试验中曾在一架飞机的机翼下挂装 48 枚火箭，接近目标时用无线电近炸引信引爆了战斗部内的 500 克炸药，取得了较好的毁伤效果。于是德军便正式定型生产，最初装在 Me262 式战斗机上，与 30 毫米机炮配合使用。以后在各种飞机上普遍装备。在 1945 年春的一次空战中，6 架携载 R4M 火箭的 Me262 战斗机曾在 1 700 米距离上击落十多架 B－17E 飞机。在另一次空战中，24 架德国战斗机击毁了敌方 40 架重型轰炸机。整个战争期间共制造了约 20 000 枚 R4M 火箭。以后一些火箭落入美军手中，他们曾经在朝鲜战场上用类似武器来攻击志愿军的飞机。

二战时期的德国轰炸机

在研制无控火箭获得成功的基础上，德国人研究了多种空对空导弹。德国人在这些武器的前面加个字母X，表示“实验型”的意思。其中的X—4型导弹就是一种实验型空对空导弹，有的人又叫它“空中飞行追猎火箭”。这项工作是由克拉美博士领导的一个科研小组负责进行的。制成的导弹直径220毫米，长约4米，重60千克。弹体呈细长流线型，中部有4个后掠式稳定翼，尾部有十字形小尾翼，前端装有细长状音响引信装置，整个导弹的外形有些像一架缩小了的细长形飞机。导弹采用了有线制导的方式，在2片弹翼的顶端各有1个流线型的导线盒，里面卷绕着6 000米传送控制指令用的金属导线。它一端连着导弹，另一端与飞机上的控制组件相连接。发射导弹后，操作手从飞机内通过控制组件发出指令，经过导线将指令传给导弹，操纵导弹沿着正确的航向飞行。弹内装有1具液体燃料发动机，可使导弹以240米/秒的速度在空中飞行。导弹前端的音响探测装置探测到敌机音响后，自动引爆战斗部将其摧毁。采用音响探测装置可以显著提高跟踪精度，据称在导弹偏离瞄准线30°的情况下仍可控制它命中目标。导弹战斗部重25千克，引爆后产生的大量破片可将5米内的敌机摧毁，对16米远的飞机仍有一定破坏作用。这种导弹大约从1942年开始设计试验，1945年投入少量生产，但并未发现德军在战争中大量使用。

在克拉美博士研究X—4导弹的同时，瓦格纳教授也领导一个研究组研究了一种Hs298型遥控式空对空火箭。这种火箭长约2米，重298千克，采用固体火箭发动机推进，作用距离约2 000～3 000米。它采用回波反射方式控制飞行路线。接近目标时由近炸引信起爆25千克重的战斗部。这种导弹在开始试验阶段进展不太顺利，以后获得很大成功，但是X—4导弹的试验也取得了较大进展。结果空军加强了X—4导弹的工作，Hs298导弹的研究工作未能完成就搁置了下来。

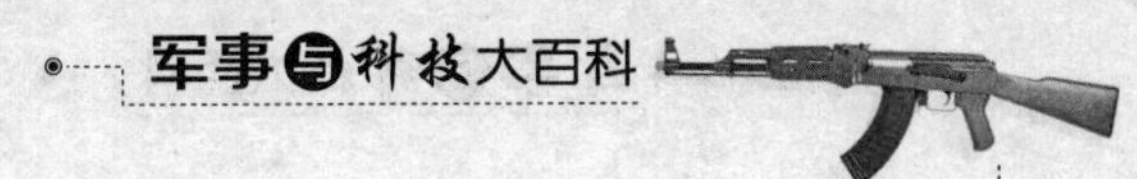

西班牙战争期间的空中飞弹

1936 年春季，西班牙共产党和社会党等组成的人民阵线，在大选中获得胜利，他们组成联合政府后实行进步的政策，引起了反动势力不满，结果在他们的鼓动下，西班牙国内爆发了大规模的武装冲突。德国和意大利也出动法西斯军队进行武装干涉。世界各国的进步力量则纷纷支持西班牙政府。当时德国空军出动大批飞机轰炸地面目标，结果投弹的命中率很差。对于快速机动的装甲目标更是无能为力。为此，德军要求尽快研制一种可以准确地击中地面目标的新式炸弹。德国亨悉尔公司接受这项任务后，决定研制一种装有制导装置的遥控式飞弹。他们先在普通轰炸机上使用的 SC500 式炸弹上安装了一种简单的无线电遥控装置，当炸弹投到空中后飞行员通过无线电控制信号对它进行遥控。这种装有遥控装置的炸弹与普通炸弹相比明显提高了轰炸目标的精度。但在进一步试验时发现遥控式炸弹的威力较小，又要对它进行遥控，飞行速度不能太快，因此即使直接命中了目标也不能完全将它摧毁，只能用来轰炸一些轻型装甲目标，不能用来摧毁军舰等大型目标。为了增大轰炸时的威力，他们重新进行了设计改进，在弹体下部增加了一具火箭发动机，它可以产生 6 600 千克的推力。发动机产生的推力作用点紧靠炸弹的重心，因而使炸弹投掷下来以后几秒钟内就达到极高的速度，这样不但提高了冲向目标时产生的冲击力，而且进一步增大了作用距离。从远距离上先敌开火，可以减少被地面防空火力袭击的危险。

这种制导炸弹虽然在 20 世纪 30 年代后期就已开始研究，但是直到 1940 年底才正式投入生产，当时定型为 HS293 式飞弹。它的外形呈雪茄状，中部有很长的弹翼，尾部有尾翼，腹下挂有火箭助推发动机，看上去就像一架带有炸弹的小型飞机。飞弹的尾部装有控制组件、升降舵和无线电天线。为了使轰炸机上的飞行员能够清楚地看到飞弹的飞行状况，炸弹尾部装有曳光剂。在飞行过程中不断喷出曳光剂，可以显示出它的弹道。机上人员在发射飞弹后不断发出无线电指令控制它的飞行，炸弹上天线接收到指令后控制升降舵的变化，不断修正高低和方向偏差，直到最后命中目标将它炸毁。当飞机从 1 000 米高度向地面投弹时，飞弹的飞行距离大约 11 千米。如果从 6 000 米的高度投弹，飞行距离可以增大到 16 千米。

HS293 飞弹虽然没有能在西班牙内战上使用，但在第二次世界大战中曾大量装备德国空军的轰炸机上，用来攻击英国和前苏联的各种军事设施。1943 年 8 月，德军发现了停泊在比斯开湾附近的一支英军特混舰队，立刻出动 18 架轰炸机携带着大量飞弹前往袭击。一些飞弹准确地击中了英军的“白鹭”号护卫舰和“阿达巴什干”号驱逐舰。舰上的水手英勇搏斗，护卫舰仍被击沉，驱逐舰受重创后只得逃离。英国海军司令部得到情报后，命令舰队立刻全部撤离，退到离海岸 320 千米较安全的海域。战争后期美国海军在安齐奥登陆时，为了防御德国飞弹的袭击，利用 3 艘军舰上的电子对抗设备对飞弹的制导系统进行无线电干扰。不少飞弹受到干扰后失去了控制，有的落到野外无人之处，有的坠入茫茫大海，美军登陆这才取得了成功。

狡猾的“百舌鸟”导弹

在 20 世纪 60 年代，美国军队入侵了越南。在开始阶段，美军的飞机经常被越南的防空火力击落，美军采用了多种方式打击越南的防空火力据点，但都无济于事。这是因为美军的飞机一出现，便被越南的雷达所发现，于是便先发制人，提前攻击了美军的飞机，造成了美军飞机的很大伤亡。当美军了解到这一情况以后，便不惜血本把刚研制成功的世界上第一种对付防空雷达的反辐射导弹“百舌鸟”投入了战场。

1965年3月2日凌晨，美国空军的一批“雷公”型电子战斗机，向越南北方邦村附近的一座弹药库发起突然袭击。正当越军雷达向空中搜索目标的时候，一架飞机发射出一枚空对地导弹，沿着雷达波束高速飞来。顷刻间，越军雷达站被导弹彻底摧毁。越军虽然在弹药库周围部署了许多“萨姆—2”地空导弹，可是由于雷达站被破坏而无法瞄准目标。紧接着，美军出动44架轰炸机进行猛烈轰炸，最终引爆了越方弹药库里的数千吨弹药。只见一团团巨大的火球伴随着震耳欲聋的爆炸声冲向天空，弹药库四周到处硝烟弥漫。爆炸声持续了3个多小时，偌大的弹药库转眼间被炸成了一堆废墟。在这场精心策划的空袭中，美军发射的“百舌鸟”反雷达导弹起了重要作用。

“百舌鸟”导弹是美国海、空军装备的第一代反雷达导弹，它由海军武器研究中心于20世纪50年代末开始研制，1963年试验成功，1964年起大批生产，1965年首次在越南战场上使用，专门用来袭击远程警戒雷达、炮瞄雷达和地空导弹制导雷达。

美军从1964～1981年共生产“百舌鸟”导弹24 000多枚，装备在A—4、A—6、F—4G、F—105G等各种攻击机、战斗机上。其间经过多次改进，派生出AGM—45A、AGM—45B等20多种改进型。它的基型弹长约3米，直径203毫米，发射重量189千克。最大射程40～46千米，发射高度2～10千米，但大多数情况下是从16～18千米距离、1 500～2 000米的高度发射。一般是先发射一枚弹，经过5分钟后再发射第二枚弹，也可同时发射2枚导弹以加强火力。导弹的前部是战斗部、引信和制导系统，后部为固体燃料火箭发动机、尾部有4片尾翼，中部还有4片较大的弹翼，翼展914毫米，它采用被动式雷达寻的制导方式，弹上的单脉冲雷达导引头利用敌方雷达发射的电波束自动跟踪目标，沿着波束袭击敌人的雷达站等设施。战斗部内装有25千克烈性炸药，命中目标时炸出20 000多块破片，可以杀伤50米外的人员，摧毁15米外的雷达。有的导弹战斗部内还有发烟指示剂，在命中目标的同时发出一股浓浓的红色烟雾，并在 15 米的空中持续 24 小时之久。它的用途是为随后实施攻击的飞机指示轰炸目标，因为敌军雷达站大多设在地空导弹或高射炮阵地的附近，指出了雷达站的位置便可迅速发现防空武器发射阵地。

“百舌鸟”导弹投入战斗前，一般先由实施电子侦察的飞机或侦察卫星在空中进行搜索，探测到敌方雷达发射的无线电波束后，对雷达信号进行识别处理，研究确定敌人所用雷达的类型、方位、频率，了解地形地貌、气象等情况。然后由携带“百舌鸟”导弹的飞机选择最佳时机飞临目标区上空。敌方雷达站发现空中情况后立即开机搜索目标，地空导弹或高射炮阵地同时加紧战斗准备。这时载机上的侦察接收机和分析仪器对雷达信号进行分析，进一步确定雷达站方位、距离后，立即发射“百舌鸟”导弹。“百舌鸟”进入雷达发射的无线电波束后，弹上的 4 个小天线不断接收波束信号，并根据信号的强弱不断发出指令，修正导弹的飞行方向和俯仰角度，使它始终保持处于无线电波束的中央。最终准确地命中雷达并将其摧毁。

当“百舌鸟”导弹首次出现在越南战场时，由于地面部队对它的情况还不十分了解，越军往往空中发现敌机便用雷达探测，结果恰巧遭到“百舌鸟”的袭击。这种“百舌鸟”反辐射导弹虽然有一定的威力，但也有它的缺点。主要是在设计原理上针对雷达的型号不同，发射的电磁波信号也不同。事实上，“百舌鸟”的弹头前面有 13 种可替换的导引头。一种导引头对付一种型号的雷达，一旦对方的雷达型号变了，“百舌鸟”的导引头就得改变，这就增大了作战的难度。另外，如果对方的雷达关了机，这些“百舌鸟”就像没有了眼睛的鸟一样，乱飞乱碰。

此后，越军仔细研究对策发现了“百舌鸟”这一缺陷，便加强雷达操作手的应变技巧训练，缩短雷达搜索和跟踪目标的时间，直到发射防空导弹前极短的时间才使用雷达，使美国飞机难以发现地面目标。或者提前开机诱惑敌机发射导弹，然后立刻关机，致使正在飞行的导弹丢失跟踪的信号，结果无法准确地飞向目标而只能自行炸毁。在越南战争后期，越军抓住这些破绽，使用不同型号的雷达组成了防空网，使“百舌鸟”难以捕捉到目标，尤其是当雷达发射的电磁波信号可以随时改变时，“百舌鸟”更是六神无主，不知东南西北地疲于奔命。

美国“标准—2”舰空导弹

还有的部队利用特殊地形设置三部雷达，对敌人的导弹进行“车轮战”。当第一部雷达发现“百舌鸟”导弹后立刻关机，使它霎时间丢失目标。这时第二部雷达发射电波信号，“百舌鸟”探测到信号后又跟踪而来。接着又用另一部雷达发射电波，致使导弹左顾右盼不知所措，最终被引导到远离目标的地区爆炸。由于越军采取多种对抗措施，使得“百舌鸟”导弹不能如开始使用时那样灵验，命中目标的概率降低到只有6％左右。

为了解决这种对“百舌鸟”极为不利的情况，美军又研制出了第二代反辐射导弹“标准”。这种“标准”与“百舌鸟”相比，性能提高了很多，它仅用两种导引头便可应对所有型号的雷达。而且它还装有具有记忆功能的装置，即使对方的雷达关机了，“标准”还能记住它的位置，仍能找到雷达，这就大大提高了它的攻击能力。在第五次中东战争中，以色列利用“标准”导弹和电子干扰器相结合，一举摧毁了叙利亚布置在贝卡谷地的雷达网。此后，以色列的飞机犹如入无人之境，仅用6分钟就消灭了叙利亚19个防空导弹营，而以色列的飞机却一点损失都没有，这次“标准”可以说是大显神通了。

20世纪80年代以后，“百舌鸟”导弹便逐渐退出现役，目前仅在以色列、伊朗等国有所使用。

百发百中的“哈姆”

美国于20世纪80年代研制出了第三代反辐射导弹“哈姆”。它只用一个导引头便可对付所有型号的防空雷达，而且还可以自动改变导引头性能来对付以后可能出现的各种防空雷达。“哈姆”不是发现雷达就随便乱炸一通，而是先仔细地辨认一番，专找那些“厉害”的雷达先打，提高了打击的力度。而且它还采用了无烟发动机，不容易被发现。1986年，空袭利比亚时，美军使用了“哈姆”攻击利比亚的雷达，说打哪就打哪，百发百中。在20世纪90年代的海湾战争中，美军使用“哈姆”和英军使用的“阿拉姆”一起，使伊拉克的绝大部分防空雷达遭受厄运，而以美国为首的多国部队的飞机却很少被击落，创造了世界战争史上的奇迹。

在第三代反辐射导弹中，美国的“哈姆”和英国的“阿拉姆”性能类似，它们都可以直接攻击雷达，也可以用伞降的方式攻击雷达。伞降攻击就和跳伞运动员差不多，当对方的雷达已经关机而导弹无法直接攻击时，这时发射出的导弹先爬高到预先选定的地区高空，然后熄灭同时打开降落伞，慢慢地下落寻找要攻击的目标。当发现目标后，便扔掉降落伞，沿着一个斜坡式的路线向目标攻击，这样它便具有更强的隐蔽性和突然性，使被攻击者有

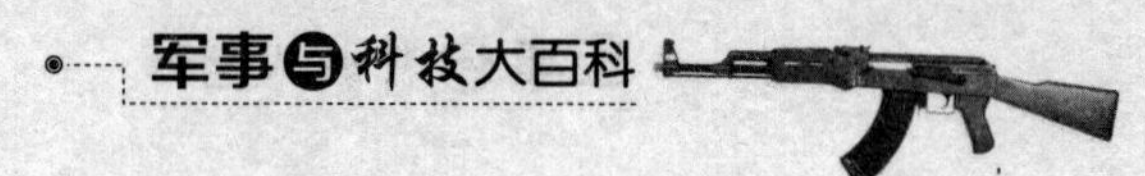

一种“天兵天降”的感觉，让雷达防不胜防。

今后，反辐射导弹的发展将从单一的空中对地面，发展为空中对空中，空中对舰艇，地面对空中，地面对地面等型号，而且杀伤能力和抗干扰能力将会更强，飞行的距离也会更远。反辐射导弹将在未来的战争中发挥更大的作用。

第三章 最先进的军事科技与现代战争

GPS——全球定位系统

1. 概述

自从1957年第一颗人造地球卫星问世以来，卫星技术便成为世界各国十分重视的研究和应用对象，虽然人造卫星在通信传播、大地测量、宇宙探索、飞机导航等领域中具有相当重要的作用，但大多数的应用还在军事领域。在军事领域中，卫星的任务可分为三个重要方面：一个是军事侦察卫星，一个是军用通信卫星，另一个是军用的导航和定位卫星。最后的这种应用的最典型的代表是导航星系统，也称为全球定位系统（Globle Positioning System)，简称GPS。就是这个系统在海湾战争中，具有相当出色的表演，为多国部队的胜利起到极重要的作用。军队的集结、出击，后勤支援，战机攻击导航和定位，空射对地导弹的综合制导都借助于全球定位系统。

2. GPS及系统组成

引导运载体（飞机、舰船等）按照既定的航线航行或向既定的目标航行称为导航。导航的基本任务包括：引导运载体沿既定的航线航行；确定运载体当前所处的位置及航行参数；引导运载体在夜间或复杂气候条件下安全着陆。在这些任务中以确定运载体当前所处的位置是最基本的任务。这一任务就叫做“定位”。它也是完成其他各项导航任务的基础。

全球卫星定位系统（GPS），是美国研制的第二代卫星导航系统。其目标主要是为美国三军建立一个战略性的高精度全球卫星导航系统，并以较低的精度用于民用。它可以提供连续、实时的导航，同时给用户的三维坐标分量，三个速度分量及精确的时间。

整个系统由三个部分组成：

（1）导航卫星

GPS 是由离地面 26 500 千米，周期为 12 小时的圆轨道的均匀分布在地球周围的 24 颗卫星组成。最早的设计方案一共三个轨道面，每一个轨道面的倾角为 63°，三个轨道面的升交点赤经互相差 120°，每条轨道上均匀分布 8 颗卫星。总共 24 颗卫星，组成覆盖全球的卫星网，使得地球上任何地方至少能同时看到 6 颗卫星，最多时能同时看到 11 颗，平均能看到 9 颗。后来，因经费问题，在开初实施时将 24 颗卫星由 18 颗卫星代替。相应的卫星运行的轨道和星座也随之进行了调整。在 18 颗卫星的系统中，卫星分布在 6 条轨道上，每条轨道的倾角为 55°，6 条轨道的升交点赤经互相间隔 60°，每条轨道上均匀分布 3 颗星。这样的星座均匀覆盖地球，使得地球上任何地方至少能同时看到 4 颗卫星，最多可同时看到 9 颗卫星。

我国第九颗北斗导航卫星升空

这个网中卫星上工作频率为 2 200～2 300 兆赫兹的遥测发射机，将卫星的各种遥测数据发送至地上站组。卫星上的接收机接收地面注入站向卫星发送的频率为 1 750～2 850 兆赫兹的导航信息。卫星接收机也接收来自地面站的控制命令。卫星上装有稳定度为 10^{-13}。的精密原子钟。各卫星的原子钟互相同步，并与地面站组成原子钟同步，建立起导航星系统的精密时系，称为 GPS 时。向地面发送的星历就是以 GPS 时为基准、顺序发射的。精密时系是精密测距的基础和可靠保证。

卫星导航发射机以双频信号发射导航信号，一个频率为 1 574.4兆赫兹，一个频率为 1 226.6 兆赫兹，发射双频是为了校正电离层产生的附加延时。

卫星航导发射天线是由 12 个螺旋天线组成的天线阵，波束宽度为 30°，卫星上的电源由太阳电池和镉镍蓄电池组成，可以输出 28 伏，400～580 瓦功率。

GPS 就是建立在以 4 颗卫星测距基础上的测距定位系统。用 18 颗（或 24 颗）卫星组成的卫星网，分布在 6 条（或 3 条）离地面 2 000 多千米高空，每条轨道上均匀地安置了 3 颗（或 8 颗）卫星。地球上任何一点的用户都能看到 4～9 颗卫星，用户可以选择位置最佳的 4 颗卫星进行测距定位。从而实现全球高精度、连续、实时、多维导航定位。

作为 GPS 系统工作原理的另一部分是卫星导航信号的格式和传输方式。由卫星发射的导航信号包含卫星星历及卫星钟校正参量；测距时间标记，大气附加延时校正参量；与导航有关的其他信息。用户接收机从导航信号的时间标记上提取传播延时（即距离信息），从导航信号载波的多普勒频移提取速度信息。星历、时钟及大气校正参量、时间标记等则是卫星以通信方式传给用户，在 GPS 中是将信号变成编码脉冲以数字通信方式来完成的。

（2）GPS 系统的地面站组

GPS 地面站组是由一个主控站、四个监测站、一个注入站组成。

监测站的作用是收集24颗卫星发射出的L波段导航信号，也收集当地的气象数据。在监测站中设有原子钟，并与主控站原子钟同步。监测站内的数据处理机处理全部收集到的数据并传送给主控站。GPS的监测站设在东至关岛、北至阿拉斯加、西到加利福尼亚和夏威夷的广大地区，便于监测系统内的全部卫星。

主控站是系统的核心，作为系统时间基准。它根据四个监测站送来的各种测量数据，计算各卫星原子钟钟差，电离层、对流层校正参量，编制各卫星星历。因此在主控站中备有大型计算中心，快速地处理各种数据信号。在完成星历的计算编制之后，将数据送到注入站。

所谓注入站其实就是一个信息发射台。当卫星通过其视界时，注入站通过S波段的发射机将主控站送来的导航信息注入卫星。注入站每天向卫星注入新的导航数据。

（3）用户设备

GPS系统采用无源工作方式，用户不需向卫星发射信息或询问，而只接收由导航星送下的信息。因此凡是有GPS接收机的用户都可以使用此系统。用户设备主要包括导航接收机和处理控制解算显示设备。如今，各种商用、民用的用户设备多种多样。美国、日本、西欧相当多厂家都竞相推出新产品，目前GPS设备已经形成了一个广阔的市场，也日益受到使用者的青睐。

3. GPS的主要特点

GPS主要有以下几个特点：

（1）高精度三维定位

该系统能连续地为各类用户提供三维位置（经度、纬度和高度），三维速度和精确时间数据；其定位误差小于10米，测速误差小于0.1/秒，计时误差小于10ns（即亿分之一秒）。

（2）近同步导航

该系统一次定位时间只需几秒至多几十秒，可实现为地面出行、军事行动近同步导航。

（3）被动式全天候导航

在使用该系统时，用户只需装备接收设备就可以接收该系统信号，进行定位和导航，不要求用户发射任何信号，开关方便。同时导航不受天气现象影响，信号强。

（4）抗干扰能力强

由于采用了伪随机噪声码技术，该系统具有抗干扰能力强、保密性好的特点。

（5）全球通用

该系统能为全球任何地方或近地面空间的用户独立地提供连续性导航数据，因此，它能克服其他各种导航手段的局限性，成为通用性全球定位系统之一，占据着较大的市场份额。

4. GPS在海湾战争中的重要作用

在1990年伊拉克入侵科威特之后，美国在集结海陆空军事力量的同时，加速了GPS的研究试验工作。为了增加在中东地区GPS导航卫星的覆盖时间，以满足战时定位导航的需要，美国于1990年11月发射了第16颗GPS导航卫星，并调整了已上天的16颗卫星的星座位置，使得整个中东（包括沙特阿拉伯和伊拉克地区）一天24小时都能看到3颗导航卫星，并有19个小时能看到4颗导航星，从而保证了GPS星座对海湾战争地区的足够覆盖，满足了以美国为首的多国部队在战争中的需要。到2009年，美国共发射了24颗人造卫星。

GPS系统在海湾战争中得到了广泛应用，成为多国部队在战斗指挥和后勤支援中关键辅助装备之一。其具体表现为：

（1）为地面部队定位和行军作战提供支持

多国部队的步兵普遍使用便携式接收机，型号为AN/PSN—10，其大小约为16厘米×18厘米×5厘米，相当于一副双筒望远镜，价格为3 000～4 000美元。这些接收机用C/A码工作，以各种方式显示位置数据，定位精度为20～25米。步兵用以判定自己

的位置，还可以输入行军路线，GPS装备能自动指示下一个行军地点，相隔距离和行军方向。这在无地形特征的沙漠中对夜行军显得特别有效。在海湾战争中美国Trimble公司，就向多国部队提供了一万多台这类设备。而另一美国公司，Magellen公司提供了更轻便，只有0.85千克，体积仅有22厘米×9厘米×5厘米的手持式GPS接收机。

炮兵可以采用GPS接收机确定自己的炮位的准确位置，快速准确地对敌人目标进行打击，使对手无力还手。

(2) 空军使用GPS接收机进行导航、定位和救援

随着GPS系统部署完毕，美国和北约国家军队飞机陆续加装GPS接收机。20世纪90年代，美国空军作战飞机大量配置了五通道的AN/ARN－151（V）型GPS接收机。许多飞机装备了精密的P码接收机，定位和导航精度达几米范围以内。从而加强了空军飞机的作战能力。例如，F－16机载GPS接收机为机载火控计算机系统提供90%的定位数据；B－52飞机的GPS接收机与惯性系统配合使用后，定位精度可达9米；AH－64直升机携带的“地狱之火”导弹在机载GPS接收机的帮助下，有效地摧毁了伊拉克的预警雷达；旋风飞机上的GPS接收机对机上惯性导航系统进行修正；GPS接收机还用于飞机援救，例如法国空军的“美洲虎”直升机曾成功营救了一名从F－16飞机上跳伞的英军飞行员。

(3) 海军也装备了GPS接收机系统

在多国海军中除了装备了以GPS为中心的系统以进行导航以外，多国部队的军舰曾用GPS接收机精确地确定了伊军设置的水雷位置，使其舰船避免了遭到不测的厄运。

(4) 空射远程对地攻击导弹（SLAM）的GPS/INS综合制导

SLAM是一种机载全球全天候精确攻击武器系统。在飞机起飞前，预先将攻击目标的位置和投射弹道数据装入导弹；导弹发射后，SLAM惯性制导系统（INS）按预定的投射弹道轨迹进行

制导，并由 GPS 对 INS 在飞行航程中进行更新，以提供更为精确的射程中制导，目标捕获和弹头指向。当弹头达到预定目标区域，SLAM 弹头自动作用，把弹头上摄像机所见目标图像通过武器数据链路传送到遥控飞机上，机上操作员看见图像、识别图像，并选择特定的目标攻击点，以提供精确的有效攻击能力，避开敌方防空火力并使对周围民用地区的破坏最小。攻击点数据通过武器数据链路传到弹头上，弹头会自动控制指向目标攻击点。1991 年 1 月 18 日，美军用两枚 SLAM 空袭了伊拉克巴格达附近的水电站。第一枚 SLAM 导弹准确命中该水电站一堵坚固保护墙，炸开一个大洞；两分钟后第二枚 SLAM 导弹从护墙穿洞而过，进入发电站内部爆炸了。这一次轰炸并没有破坏水电站附近的水坝和民房，足见其精确性。

利用 GPS 和其他智能导弹综合制导在战场上也很成功。在海湾战争中，B—52 飞机携带的“哈夫奈普”智能导弹采用了 GPS 技术，从而有效地摧毁了躲藏在地下掩体中的伊拉克军队武器和装备。

GPS 系统在海湾战争中的成功应用，在某种程度上刺激并扩大了 GPS 接收机的市场需求量。

5. GPS 的未来

GPS 在海湾战争、伊拉克战争、阿富汗战争和南联盟大轰炸中起到了十分重要的作用。

GPS 在各领域中使用的多用途性已经引起各方面的重视，自 1993 年 GPS 全面运行以来，GPS 进一步扩大在军事上应用的潜力，并逐渐地转到民用、工业生产、自然灾害预防与控制中来。其主要发展为：

（1）全面地替换所有的传统的导航系统——塔康、罗兰 C 及子午仪卫星导航系统。

（2）推出以 GPS 精确定位来达到导弹精密制导的新系统。美军曾空射远程对地攻击导弹（SLAM）的 GPS/INS 综合制导，在

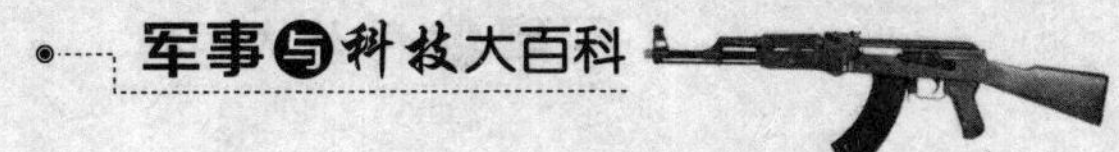

海湾战争中只使用了两枚，有广阔的发展空间。美军海军也正式发展“先进战场遮断武器系统”，这是一种新的机载制导武器，其基准型用全球定位系统——惯性制导系统，具有昼夜、全天候使用的能力。

（3）GPS向民用方向各领域发展。

除了军事系统外，民用系统是不可避免的，随着世界爱好和平人士的努力和国际力量的角逐，较大的军事冲突短期内不易发生。而经济全球化发展，要求GPS系统更多地为民用、为商业活动服务，而且市场广阔、利润巨大。

对于民用的目的，在民航飞机的导航和着陆中要利用GPS，惯性导航和高度表结合起来的自动着陆系统，其应用前景是十分诱人的。GPS还可应用于空中、港口、窄水道的交通管制，直升机、汽车和其他移动运载工具的定位。在地球物探对海上陆地测量方面，应用P码的GPS和一些其他措施，可使定位精度达厘米数量级。

GPS在民用方面的利用，是和技术发展，GPS接收机价格不断下降分不开的。现在GPS市场十分活跃，接收机品种层出无穷，价格也降到了大众消费能够承担的水平。

现代战争中的雷达系统

1. 雷达系统在战争中的作用及其经受的威胁

在现代战争中，雷达与反雷达武器的胜负，往往决定和影响了最终的战局。

在海湾战争中，伊拉克的雷达系统是以美国为首的多国部队电子战的主要目标之一。在美军空袭开始的几天之内，伊军的雷达就有65％被摧毁。多国部队的星载合成孔径雷达，各种机载、舰载和地面雷达在多国部队的战斗中发挥了极大的作用。由“爱国者”雷达制导的“爱国者”导弹非常成功地反击了伊拉克军的

"飞毛腿"导弹，已广为人知。联合监视目标攻击雷达系统(JSTARS)在陆战中也是极为出色。JSTARS的核心就是装在E—8A预警机上的合成孔径雷达。该系统用于监视、视别和跟踪伊拉克的空中和地面目标，并将多国部队飞机引向目标。在416小时的空战（大多数在夜间）中，JSTARS发现了1003个敌方重要目标，被陆军称赞为"最有价值的情报收集系统"。在陆军中央司令部的JSTARS调度员克莱纳上校可以监视几百千米外伊军逃向巴格达的情况。他一发现幼发拉底河上一座桥或一条公路的开通，就立即向战术空军控制中心报告，从而JSTARS机上人员就立即指挥A—10和F—15E战机去攻击这些目标。克莱纳说："敌人简直是无路可逃。"总之，伊军雷达失效而多国部队充分发挥了其雷达的作用，是多国部队战胜伊拉克的重要因素之一。

在北约轰炸南斯拉夫的战争中，北约部队也利用了电子干扰技术，干扰、打击了南斯拉夫的雷达防空系统，给南的重要军事目标和工业目标造成了无法挽回的损失，促成了战争的早日结束。

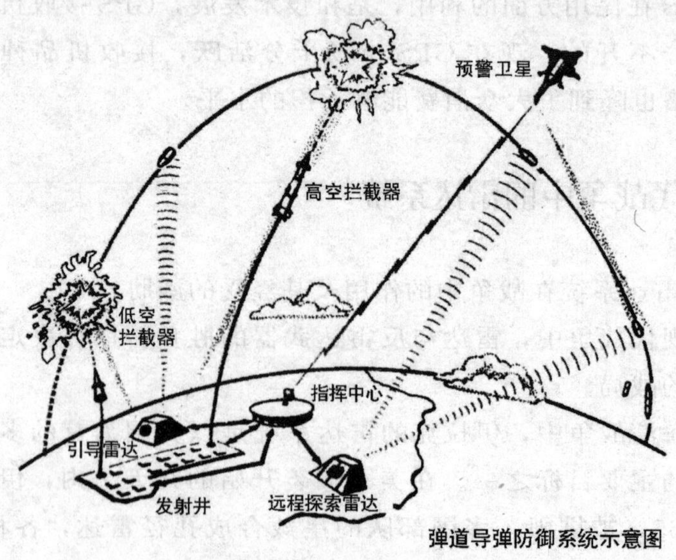

弹道导弹防御系统示意图

总之，海湾战争及二次大战后的各次局部战争充分表明，现代雷达在战场上已经受到严重威胁。现代雷达不但必须具有优良的战术性能，而且特别重要的是能在各种威胁上具有很强的生存力才能适应战争的需要。对现代雷达的威胁可以归结为下列四个方面：

（1）电磁侦察和电磁干扰。科索沃战争前几个月，北约部队使用卫星、侦察飞机、地面侦察站、侦察船对塞黑共和国雷达及通信系统进行了全面的侦察，准确掌握了塞黑军方的电磁频谱和部署。在大规模空袭前几小时，就开始动用了几十架 EA－6B 和 EF－111A 电子干扰机对塞黑军实行强力干扰，同时施放大量干扰箔条。在空袭时，北约军队飞机还带有自卫式干扰机及配有随队支援干扰机。

（2）反辐射导弹（ARM）。反辐射导弹装有对宽频段辐射源定位系统和制导系统，利用敌方雷达发射的电磁波进行自主制导和攻击，可以构成对现代雷达的重大威胁。在海湾战争，美军对伊军发射了大量的 AGM－88A“哈姆”（HARM）反辐射导弹（据有关数据，仅空袭前 5 天内就发射了 600 多枚），对于摧毁伊军的雷达发挥了重要作用。

（3）隐身飞机。隐身飞机在现代战争中的作用日益重要，它能使对方防空网探测系统的作用范围和探测概率大为降低，从而使其防空武器没有足够的反应和拦截时间，因而对敌方空防能造成极大威胁。在海湾战争的首次攻击中，被空袭摧毁的伊方

美国“战斧”式巡航导弹

目标（空军司令部，防空指挥中心等）的95％是由F－117A隐身轰炸机完成的。战争结束时，F－117A摧毁的目标占多国部队摧毁目标总数的43％。近年来，新一代隐身战机不断涌现，F－117于2007年光荣退役。现在全球最先进的隐身战机包括U－2、F－22猛禽系列等。

（4）低空突防。由于地球表面弯曲、多径效应以及地物等环境的影响，普通雷达对低空飞行的飞机的作用距离受到很大限制。雷达架高100米，最大作用距离也仅41千米左右。加上其他因素，作用距离还可能降低。因而雷达存在低空盲区。低空突防一直是对雷达的重大威胁。近代战争中有许多低空突防反雷达的战例。1976年9月，一架当时前苏联最保密的米格－25飞机叛逃并降落在日本北海道函馆机场。该机从低空进入日本，日本北部数十部现代化雷达中，只有一部发现了它，而且这时飞机仅距离雷达25千米了，如果是敌方发动空袭，后果不堪设想。说明了雷达低空防御能力之差。海湾战争中，美军飞机及导弹均具有极好的低空性能。比如，“战斧”式导弹可沿地面60米的高度飞行。这对于发挥空袭效果起了很大的作用。

2. 军用雷达的发展趋势

20世纪90年代以来，军用雷达的发展有如下特点：

（1）军用雷达在现代战争环境中的生存力得到提高，特别是提高雷达的四抗能力——抗侦察及抗干扰、抗反辐射导弹及其他攻击、反隐身、反低空突防。

（2）军用雷达的可靠性得到提高，雷达的平均无故障时间（MTBF）要求能达到5 000小时以上。

（3）进一步提高雷达的作用距离、分辨力和精度，发展成像雷达。

（4）进一步提高雷达的数据率。要求警戒引导雷达能监视600～1 000批目标；跟踪雷达能监视100～200批目标，并能精选出数个目标进行跟踪。

为了实现上述战术要求，军用雷达要采取一切可能采取的技术、措施，其中包括：

（1）实现军用雷达与敌方反雷达措施的全面对抗，包括功率、频率和相位、极化、波形、空域等方面的对抗，并能打破干扰，战胜对手。

（2）固态相控阵。空间合成要具有大功率、高增益、低副瓣的特点；数字波束形成，便于分析和接收。

（3）全波段（从高频到红外、激光）；能够高速捷变频；多种编码波形（特别是具有低截获概率的编码波形）；能发射多种脉冲重复频率；极化分集及变极化。

（4）采用超高速集成电路技术实现高速信号处理和高速数据处理。

防空雷达

（5）高稳定频率合成技术。

（6）OTH、双（多）基地、PD、合成孔径和逆合成孔径等雷达的进一步发展。

（7）新的雷达机理的进一步探讨和理论应用，研发出全新的雷达设备。

国外隐身舰艇

飞行器隐身技术的发展促进了各种军用水面舰艇和潜艇隐身技术的研究和发展。

对各种舰艇而言，相对于飞行器来讲，军事打击的目标的背景信息复杂，目标体积庞大，目标形状和武器设备复杂，航行速度低，海面散射和地球曲率等都对舰艇目标特征有很大影响。为了实现水面舰艇的低可探测性，需要对舰艇的雷达截面、红外辐射和振动噪声等物理场泄漏与散射同时进行控制。据报道，美国于20世纪90年代初期服役的DDG－51“阿利伯克”级导弹驱逐舰，俄罗斯的“基洛夫”级巡洋舰，英国于1989年服役的23型护卫舰，联邦德国专供出口的MEKO 360型护卫舰等均已采用综合的隐身设计技术。例如将船舷甲板及上层建筑竖直甲板倾斜，将炮塔防盾和导弹发射箱由矩形改为球形或圆柱形，将外表面棱角改为圆弧，在关键部件涂覆雷达吸波材料，将桅杆等高位部件改用结构型复合吸波材料等。这些隐身措施已使舰艇雷达截面降低了1～2个数量级，例如前苏联的“基洛夫”级战列巡洋舰虽然体积很大，但它的雷达截面则只相当于二艘护卫舰。为了降低舰艇的水下噪声辐射，避免遭受敌方潜艇、水雷和鱼雷等水中兵器的攻击，国外已对舰艇的机械噪声、螺旋桨噪声和水动力噪声分别采取降噪措施。除了采用低噪声回转式发动机、多叶大侧斜低噪声螺旋桨、主机座双层隔振等措施外，国外新建舰艇也普遍采用“气幕降噪系统”，它是在舰体机舱段的水下部分装设几道喷气环，连续喷射出有一定压力的空气，在舰体表面形成一个隔声的幕罩，利用其声散射和声吸收作用，有效地屏蔽舰艇噪声向水下辐射，其降噪的效果可达6～10分贝。

潜艇（特别是核动力潜艇）作为具有威慑力量的水下攻击武器，其隐蔽性更为重要。由于雷达波、红外、可见光等在海水中的强烈吸收和衰减作用，目前对潜艇的主要威胁来自于各种被动和主动的声呐设备，因此潜艇的减振降噪和声呐目标强度减缩就成了潜艇隐身技术的首要问题。潜舰的噪声来源主要包括辐射噪声、自噪声和空气噪声三个方面，其中又以辐射噪声最为首要。为控制潜艇的噪声水平，实现潜艇的“安静化”，美国、俄罗斯、英国和法国等已进行了数十年的研究工作。国外在潜艇减振降噪方面的主要技术途径是，采用电力推进方式代替齿轮推动装置，既减少了主机部位的结构噪声，又降低了空气噪声；采用高阻尼材料的七叶大侧斜螺旋桨代替传统的五叶桨，减小了推进装置产生的空泡和噪声；采用自然循环反应堆代替常规的压水堆，消除了核潜艇主泵产生的噪声；对主机、辅机、传动装置等噪声大的设备，采用阻尼减振机座或隔音屏蔽装置，降低了这些设备运行噪声的向外辐射；采用水滴形首部和单轴单桨回转体尾部的外形设计，提高了艇体的流线型程度和丰满度，使尾流变化尽可能平缓，从而减少了潜艇的流体动力学噪声；在艇体的表面覆盖一层消声材料“消声瓦”，既可以吸收本艇的自噪声，又可减少敌方主动声呐的反射声波；通过气幕弹发射装置在艇体周围形成的稠密气体保护层，也可以干扰本艇噪声的传播和敌方主被动声呐的探测；此外，增大下潜深度、提高航行速度、发射可移动的潜艇噪声模拟器等，也有利于提高潜艇的隐蔽性和生存能力。目前中国的核潜艇的安静程度已达到约100分贝的量级，接近于海洋环境噪声的水平。2009年，美俄两国潜艇在1 000码（约914.4米）距离内对驶而过时，相互不能听到对方乃至发生水下相撞的事故就与此有关。美国的“三叉戟”战略导弹核潜艇和“洛杉矶”级核潜艇，俄罗斯的“台风”级战略导弹核潜艇和“奥斯卡”级巡航导弹核潜艇，英国的“托伦昌特”号核潜艇，法国的“宝石”级核潜艇等，都分别采用了不同的减振降噪措施；而“海浪”级攻击型核潜艇SSN－21，则是安静型潜艇的典型代表。该艇长99.4米，宽12.9米，吃水10.9米，水下排水量9 150吨，采用高强度HY－130钢，使下潜深度可超过300米，采用60 000轴马力的核动力装置，水下速度可高达35节（约合35海里/小时），通过采用液压喷水推进装置，对主动力装置采取减振浮筏技术，甲板与艇体进行弹性支撑，以及在艇体表面覆盖消声瓦等多种减振降噪措施，使其噪声电平降低到100分贝以下。该艇建造费用为每艘7.84亿美元，美军共计划生产30艘，用来完成攻击敌舰队和岸基目标，封锁敌潜艇，为航空母舰作战编队护航等任务使命。

反雷达隐身技术

在现代战争中雷达的作用是非常重要的，在敌机到来之前，利用雷达辐射的电磁波就可以捕捉到敌机的踪影，提前对它进行攻击。只要对方的炮弹一出炮膛，雷达就可以根据炮弹的飞行路线计算出对方炮兵阵地所在的位置，不等第二发炮弹射出，就可以摧毁对方的炮兵阵地。因此，雷达在战斗中起着“千里眼、顺风耳”的作用。

隐身作战中，最重要的一点，就是不要被敌方的雷达发现自己。

为了更好地隐蔽自己，以便保证取得战争的胜利，各国都在争先研制对付雷达的有效办法。在第二次世界大战期间，汉堡大空袭就是一例。当时英国使用了干扰的战术，利用金属箔片干扰敌方雷达的正常工作，使德军找不到侦察的目标，反而自己乱作了一团。

以减小雷达截面为宗旨的反雷达隐身技术是各种隐身技术领域中最重要的研究课题，各军事大国都竞相发展这种技术，而且都处于极为高度的保密状态之中。因此，关于雷达截面减缩的具体途径和技术细节，是很难在公开发表的文献资料中查到的。

中国第四代隐身战斗机

实战中雷达截面减缩往往是配合有源干扰、无源干扰，或低空突防战术，此时雷达截面减缩所发挥的作用还将更为显著。对于无源干扰，当目标雷达截面减小

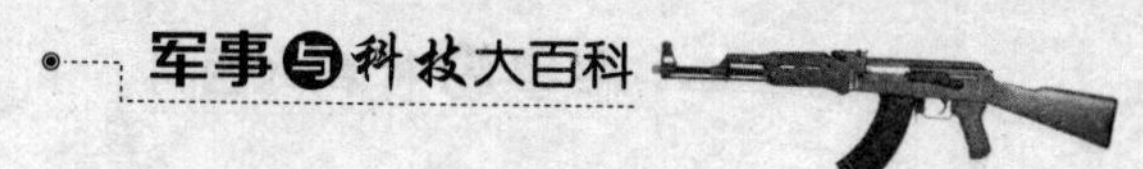

后，可以减少箔条干扰弹的发射数量而获得相同的压制系数，或者大大提高箔条云团对目标的掩盖时间，提高对来袭导弹的诱惑或转嫁概率，更充分地发挥干扰的作用。当飞行器作低空突防时，小的雷达截面则更有利于利用海浪杂波掩护，提高突防武器的生存能力和突防能力。仿真计算结果表明，敌方单发导弹射击的防卫方式，隐身飞机突防的生存力可提高一倍。敌方由于雷达作用距离锐减，盲区加大，预警时间缩短，当隐身飞机以超音速突袭时，敌方在极短暂的预警时间内往往是难以作出正确反应的。

为了减小目标的雷达截面，国外常用的隐身技术途径可分为外形技术、雷达吸波材料技术和加载技术等三类。

外形技术是极为重要的隐身技术，它通过对目标外形、尺寸、材料和结构等参数进行优化组合，以减小在规定方向上的雷达截面。对于飞行器而言，最大威胁方向通常是在鼻锥方向某一角度区域内，因此常常以减小飞行器迎头方向的雷达截面为重点，并兼顾侧向和后向隐身效果。常用的隐身外形设计方法包括翼身融合技术，座舱与机身融合，多面体外形设计，三角形机翼，大角度（或可变式）后掠翼或前掠翼，全埋式发动机，V 形内倾或外倾尾翼，取消垂尾和方向舵，采用内嵌式武器挂架，取消吊舱装置和副油箱，去掉突缘边角等技术措施，这些较为有效的外形隐身途径都已分别用于当前各种隐身飞行器设计中。

外形隐身技术还包括对一些关键散射源的处理。例如进气道和尾喷口就分别是飞行器头尾两个方向上的强散射源，采用背负式或缝隙式进气道，S 弯管进气道，管内涂以吸波材料，加装反射屏或导流片和遮挡压气机叶片等技术，均可有效地抑制进气道的强烈反射。由雷达罩、雷达天线和高频系统构成的雷达舱，是飞行器鼻锥方向的另一个强散射源。由于天线自身需要发射和接收电磁波，同时又希望它不反射或少反射敌方的雷达波，这真是一个矛盾的事情。同时，天线的散射机理又不同于目标其他部件的散射，它除了由于感应电流引起的结构项散射外，还有由于天线二次辐射引起的“模式项”散射，这一部分雷达截面的贡献又直接与天线增益的平方成正比，因此天线的雷达截面减缩就显得更加困难。减小天线散射的最简单而有效的方法是采用“天线伪装技术”，即是在天线不工作时将它的位置调整到指向非鼻锥区域，或者附加一个具有低 RCS 特性雷达散射截面的屏蔽伪装罩。伪装罩可以是金属的可动开关结构，也可以是具有频率选择或极化选择表面的固定结构。频率选择和极化滤波技术也可以用于天线反射面设计，以降低反射面天线对带外或正交极化波的雷达截面。和反射面天线相比，多功能“共形”相控阵天线系统具有较好的低 RCS 特性，它一方面减少了机载天线的数目，同时又利用非平面单元散射场的相位干涉作用降低了天线的总散射场，这一技术已在美国隐身飞机上得到了应用。

在飞行器的侧射方向，雷达吸波材料是抑制目标镜面反射最有效的技术途径。由铁氧体或羰基铁粉末配制而成的磁性吸波涂覆材料已广泛用于目标金属表面。利用它对电磁波产生的磁损耗效应，这种材料可在中心频率上反向入射于平面结构时，使反射回波降低 20～30 分贝。但偏离中心频率、斜入射或曲面结构时，吸波效果会迅速下降。目前，西方一些国家正在竞相研制超薄层、宽频带、高效能的吸收剂和吸收涂料。利用分层结构分别谐振于不同频率，或利用参数渐变的吸波涂料，可以增加带宽，但同时又受到厚度和重量的限制。另一类吸波涂料是放射性同位素涂料，它利用钋 210 和锔 242 等同位素射线产生的等离子体来吸收雷达波，在 1～20 吉赫兹的宽频带内衰减可达 17 分贝。另外，其使用周期长，施工简便，涂层极薄，重量轻，能承受高速飞行等，都优于铁氧体材料，但需严格控制放射性辐射剂量，以免造成人体伤害。吸波材料的另一个发展方向是研制新的复合型结构材料，以取代目前的金属构件。结构型吸波材料将吸收剂与非金属基复合材料结合起来，使其既具有吸波性能，又具有复合材料重量轻、强度高等优点，用来制造机身、机翼、尾翼及其他结构性部件，可以大大降低目标的雷达截面。其结构型式可将吸收剂按阻抗渐变原理分散，也能够作成层状或夹芯结构。美国研制的一种复杂的蜂窝结构吸波材料由 7 层组成，非常适合于作为飞机蒙皮或发动机整流罩等部件，已在 F—111 型飞机上获得成功的应用。

加载技术又称为对消技术，在 20 世纪 60 年代曾受到很大重视。由无源阻抗加载产生的人为散射回波，可以对消目标其他部分产生的电磁散射。例如在机翼等导体表面开槽缝，并加接腔体和集总阻抗，可以调整人为散射的振幅和相位；在天线馈电波导中加装可调导纳模片，可以实现天线模式项和结构项的对消；调整副反射面的大小和位置，能够实现主副面散射的对消；调整反射面的深度，可实现镜面反射和边缘绕射的对消。但是所有这些无源对消技术都要受到频带、极化和入射方向的限制。要想获得有实用价值的对消效果，必须采用自适应有源加载技术，即根据侦察到的威胁雷达波的强度、波形、频率、极化和入射方向等参数，迅速计算出目标的反射特性，并实时地调整人为加载脉冲的波形、振幅和相位，以实现最佳的 RCS 的减缩。由于技术和设备的复杂性，目前这种技术用于武器系统还需一定的时间。

YF—23 隐身战斗机

为了实现良好的反雷达隐身性能，往往需要多种技术途径的综合考虑。据估计，外形隐身设计有可能降低雷达截面 5～8 分贝，采用吸波材料可降低 7～10 分贝，其他特殊措施如低 RCS 进气道、天线隐身、阻抗加载等，可分别降低 4～6 分贝。综合各种技术途径，隐身飞行器现已可获得约 30 分贝的隐身效果，例如从

B—52轰炸机100平方米的迎头雷达截面已降低到B—2的0.1平方米。但是，目标雷达截面的减缩与付出的努力并不是线性关系。一般在开始的几个分贝减缩比较容易，以后每减小几个分贝所付出的代价将会急剧增加。像美国目前现有隐身飞行器的性能已达到相当高的技术水平，此时力图再降低哪怕是1分贝也绝非易事。

目前，中国的第五代隐身战机正在研制当中，据说相关技术实力，堪比美军的F—22。

另一方面，目标隐身技术并不是孤立进行的，它与目标所执行的任务和战斗使命紧密相关。采用隐身技术，不可避免地要影响到目标的其他战术技术性能。例如隐身外形设计与飞行器的气动外形设计上必然产生矛盾，因而影响其飞行速度和机动性；吸波涂层的使用必然降低飞行器对武器的运载量；隐身进气道可能会影响空气流场分布，降低发动机推力；隐身天线系统可能会降低自身雷达的作用距离和跟踪精度等。所以，隐身技术设计应当与其他各种技术设计一体化，联立进行折中与优化。

导弹制导系统

1. 导弹的总体结构

火箭和导弹都是无人驾驶的飞行器。当火箭装有战斗部和控制设备就成了可控飞行器——导弹。导弹常以下列情况进行分类：按作战使命分类，分为战略导弹与战术导弹；按飞行弹道特征分类，分为弹道导弹和有翼导弹；按发射点和目标位置特征分类，分为地—地导弹、地—空导弹、空—地导弹、空—空导弹等四类，地面包括水面，因此有的地方用“面”统一表示。

前文讲过，各种导弹虽然结构不大相同，但通常由弹体、战斗部、发动机和制导设备四大部分组成。部分特殊用途的导弹（如诱骗导弹、干扰弹等）不带战斗部。战斗部是导弹摧毁目标的有效载荷，它爆炸后，以强大的破坏力杀伤敌方有生力量或摧毁敌方军事装备和设施。为使战斗部可靠而有效地杀伤目标，战斗部通常由弹药、引信、保险机构三部分组成。发动机是推动导弹飞行的动力装置，由喷气发动机构成，除燃料外，若导弹自身携带氧化剂，称为火箭发动机，它可在太空中飞行；若用空气中的氧气作为氧化剂则称空气发动机。导弹自身携带的氧化剂的物理状态可能不同，又可分为固体火箭发动机和液体火箭发动机。弹体把导弹各部连成一个整体，由弹身、弹翼和舵面三部分组成，它具有良好的空气动力外形和相应的操纵机构，以保证导弹有较好的操纵性和飞行的稳定性。由于各类导弹飞行高度、飞行速度及机动能力要求不同，导弹的弹体有不同的结构。制导设备是指用来直接完成导引、控制导弹飞行任务的总和。按制导方法不同，制导设备有的全在导弹上构成独立系统（如自主制导）；有的部分设备在地面或载体上，部分设备在导弹上，它们相互协调，构成有机的控制系统。在今天高科技作战条件下，制导技术是导弹的重要部分，很大程度上决定了导弹的发展、前途和战局的优劣地位。

2. 导弹制导系统

制导系统是引导控制导弹击中目标，使导弹完成预定的战略或战术任务的综合技术设备系统。制导技术就是用电磁波信号对远程高速运动物体的运动方向进行控制和导引技术的简称。

制导技术最先应用于炸弹上，装有制导装置的炸弹，叫做制导炸弹。它与普通炸弹相比，具有很多独特的优点：其一，轰炸精度高，与普通炸弹相比，轰炸精度提高了十多倍；其二，直接命中目标率高，有的实战命中率可高达80％以上。

制导技术的进一步应用是在现代导弹技术上。1944 年 6 月 13 日，一架不明国籍的“飞机”闯入英国伦敦上空，发出一阵猛烈的爆炸声后，楼房倒塌很多，市民死亡无数。这是什么“飞机”呢？英国空军经过侦察，终于发现：它是一种外形很像飞机，无人驾驶、能自控飞行和导向目标的新型秘密武器。这就是世界上第一枚制导导弹，即纳粹德国于1942年研制成功的V—I型导弹。

导弹从发射到击中目标的整个过程是由制导系统控制完成的，一般分成三个阶段：

（1）发射段控制。首先确定攻击目标，根据战略打击的目的不同，导弹的攻击目标可以是雷达、卫星侦察发现的敌对目标，或其他预定的目标，从而确定导弹的指向，并借助有关通信与控制设备将预定航迹的有关参数注入导弹制导系统，启动发射装置。

（2）飞行段控制。由制导系统引导、控制导弹按规定的飞行路线飞行，直至命中目标。在这一过程中，制导系统不断地、实时地测定或探测飞行中导弹与攻击目标的状况，形成引导指令信号送给控制系统，使控制执行机构动作，修正导弹的航向，保证导弹沿着预定航迹向着攻击目标稳定飞行。各类导弹因攻击目标不同，所应用的探测目标与导弹的坐标参数的方法和机理也不同，因而具体的制导设备差别很大。依据导引信号产生的方式可以把制导系统分成四大类：自主制导，自动导引制导（自动寻的制导），遥控制导和组合制导。

激光制导导弹

①自主制导：仅由导弹上制导设备测量地球或宇宙空间物理特性，从而得知导弹飞行轨迹，形成引导指令信号，修正导弹飞行航迹。在这一过程中，导弹上的制导系统不与目标、制导站发生关系。广泛使用的惯性导航系统是一种自主制导，其他还有天文制导、地形匹配制导、景物匹配制导等。这种自主制导主要用于飞航式导弹和弹道导弹，攻击地面设施。

②自动导引制导：用导弹上制导设备探测目标辐射或反射能

量（如电磁波、红外线、激光、可见光等），从而测量出目标与导弹相对运动参数，按照确定的关系形成引导指令信号。这种系统在导弹上存在一个探测目标的信道，导弹与目标有较大的关联，但导弹和制导站没有直接联系，发射后不需再关注与操控，并具有较高的制导精度，可用作攻击高速运动目标和各类导弹的末段制导，主要缺点是作用距离有限，易受外界干扰等。

③遥控制导：其主要特点是由制导站对导弹发送导引信号。在这种系统中，由制导站测出导弹和目标的相对位置，通过计算机算出目标的预推位置、导弹的航迹与导引规律的差别，从而形成导引信号。这一信号由制导站发送给导弹，控制导弹击中目标。按遥控指令信号的形成特点可以分为指令制导系统（控制指令由制导站形成）与遥远导引系统（其控制指令在弹上形成，制导站仅提供导引信号，如波束制导系统）。遥控制导系统可用来攻击活动目标。这种系统由于站、弹、目标三点之间有密切联系，故受干扰的可能性也较大。

④组合制导：以上三种制导系统各有其优、缺点。当要求较高时，根据目标特性和要完成的任务，可把三种制导以不同的方式组合起来，取长补短，进一步提高制导系统的性能。目前，组合制导已广泛地应用于各类导弹的精确制导系统。

（3）爆炸控制段。当导弹飞向目标，目标进入战斗部威力区时，应立即起爆，完成击毁目标的任务。这一功能是由引信系统来完成的。

3. 导弹的引导与控制方法

导弹是可控的，在现代制导技术条件下，导弹飞行器在飞行过程中不断地被制导系统控制，及时地调整导弹飞行路线，使其击中敌对目标。制导系统是根据测量目标与导弹，或导弹、目标与控制站的相对坐标，并按照一定的引导规律形成导引指令，控制导弹飞行。因此，导弹制导精度与导引规律紧密相关。导引规律亦称导引方法，是指导弹飞向目标过程中，导弹和目标之间，或目标、导弹与控制站之间相对坐标的变化规律。

导引方法有两大类，即三点法和两点法。两点法应用于自动导引制导系统中，又分为纯追踪法、固定前置角法、平行接近法、比例导航法等。三点法应用于各类遥控式制导系统中，又分为三点重合法、前置角法等。

比例导航法的弹道，特别在遭遇区内的弹道比较平直，且制导设备在技术上较易实现。因而，无论从对快速机动目标的响应和制导精度上看，比例导航法都具有显著的优点，在各种导弹的制导系统中得到广泛应用，成为优化导引控制系统的选用对象。

引导系统通常由目标、导弹坐标和运动参数传感器（或观测器），及引导指令形成装置等构成。其作用是测定导弹与目标的坐标参数和运动参数，并按导引规律形成引导指令，送入控制系统。

加挂激光制导导弹的战斗机

控制系统能够响应引导指令，产生作用力迫使导弹改变航向，使导弹沿着要求的弹道飞行。导弹在飞行过程中还受到各种扰动（如阵风等）作用，影响导弹稳定飞行，因此，控制系统的另一项重要任务是稳定导弹的飞行。控制系统由导弹姿态敏感器、操纵面位置敏感器、计算机、执行机构和操纵面等组成。敏感器主要是陀螺仪和加速度计，它们能感受弹体的运动，获取弹体运动参数信息。在自主制导系统中，还使用高度表、无线导航仪、天文导航仪作敏感器。

导弹在飞行中，控制系统需要稳定和控制弹体俯仰、偏航和滚动等运动，保证导弹准确打击目标。

精确制导技术的发展

导弹出现在第二次世界大战末期，大规模的使用是在 20 世纪 60 年代以后。经过实战考验，证明导弹打击十分有效，成为防空与攻击的主要武器，因此，世界各国相继研制各种导弹，其发展速度特别惊人。目前，研制出的各类导弹已有 500 多种，其中正在服役的有 300 多种。

导弹武器最显著的特点是它的控制精度高，能准确命中目标，使火炮、一般炸弹相形见绌。因此，制导精确度、高命中率成为推动导弹发展最重要的关键问题。1944 年德国“V－2”导弹，射程为 300 千米，采用“方案＋简单惯导”的制导方法，其命中精度（圆概率误差——CEP）为 10 千米，在发射 4 300 枚“V－2”导弹中，仅有 200 枚落在英国本土。尽管“V－2”制导精度不高，但在战争中起到了重大的威慑作用。战后苏美首先开始导弹研制，到 20 世纪 50 年代导弹制导技术进入全面发展时期，各国先后研制成功的各种战略和战术导弹达 180 余种，列装 80 余种。这些导弹主要特点是制导精度不高，使用电子管电子设备，制导设备笨重、可靠性低。例如，在地－地弹道导弹中，大多采用不太精确的惯性制导技术，主要敏感器是滚珠轴承式陀螺，50 年代初它的漂移率为每小时几度，到 50 年末提高到每小时十分之几度。这类导弹的代表型号是：前苏联的“凉鞋”（Sandal）SS－4、“飞毛腿 A”（Scud－A）SS－1b，美国的“民兵”（Minuteman）LGM－30、“潘兴”（Pershing）MGM－31A 等。这类导弹的命中精度低，约为 2～8 千米。这个时期的面—空导弹主要针对轰炸机和高空侦察机，向着高空、高速方向发展。使用的制导体制大多采用雷达波束制导、无线指令制导和半主动雷达制导等。制导系统采用电子管的电子设备和模拟计算机，系统自动化程度不高，命中精度低，只靠加大战斗部装药量来摧毁目标。例如，前苏联

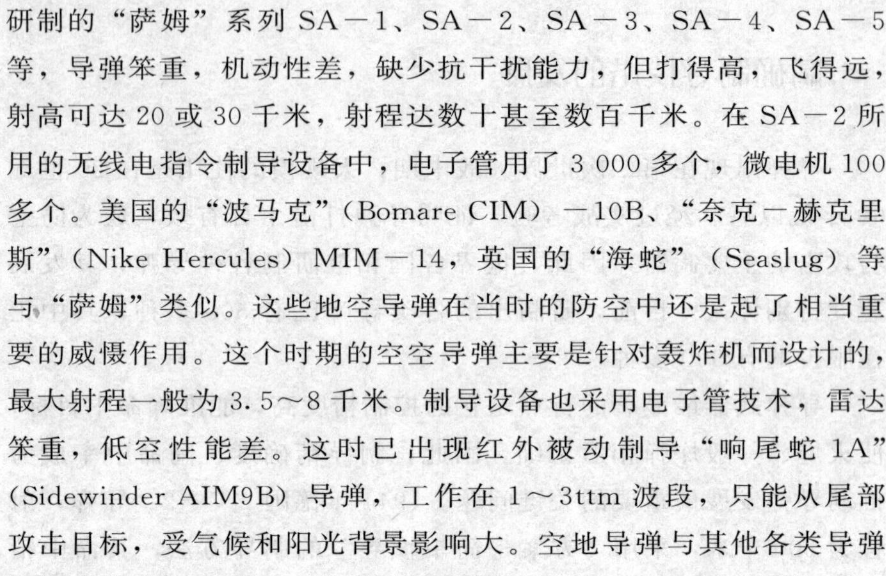

研制的“萨姆”系列SA－1、SA－2、SA－3、SA－4、SA－5等，导弹笨重，机动性差，缺少抗干扰能力，但打得高，飞得远，射高可达20或30千米，射程达数十甚至数百千米。在SA－2所用的无线电指令制导设备中，电子管用了3 000多个，微电机100多个。美国的“波马克”（Bomare CIM）－10B、“奈克－赫克里斯”（Nike Hercules）MIM－14，英国的“海蛇”（Seaslug）等与“萨姆”类似。这些地空导弹在当时的防空中还是起了相当重要的威慑作用。这个时期的空空导弹主要是针对轰炸机而设计的，最大射程一般为3.5～8千米。制导设备也采用电子管技术，雷达笨重，低空性能差。这时已出现红外被动制导“响尾蛇1A”（Sidewinder AIM9B）导弹，工作在1～3ttm波段，只能从尾部攻击目标，受气候和阳光背景影响大。空地导弹与其他各类导弹类似，体积大，笨重，命中精度较低（900～1 800米）。

采用高精度制导系统，直接命中率很高的制导武器，我们称其为精确制导武器。已经投入使用和正在研制的激光制导武器有激光制导炸弹、空对地导弹、空对地反坦克导弹、火箭弹、防低空导弹等，这些都属于精确制导武器系列。

20世纪60年代各国大力改进导弹的性能，提高质量。由于当时科技进步，工业水平的提高，特别是电子学的成就，中规模集成电路的出现，使系统小型化，有效地提高了系统的可靠性。这时陀螺仪的精度已达到次惯性级，漂移率达每小时百分之几度。因此，导弹的性能和制导技术有了重大的改进，其主要特征是：提高了制导精度、突防能力、生存能力和抗干扰能力；改进发动机性能；减小导弹及制导设备尺寸、重量，以提高机动性；提高各分系统的可靠性等。例如这时期战略地－地导弹“民兵Ⅰ”，在抗核辐射加固的制导计算机中已采用体积小、容量大的集成电路，惯性制导系统在发射前几秒内可迅速瞄准预先贮存的八个目标中的任一个；“民兵Ⅲ”制导系统平均无故障工作时间达9 600小时，导弹命中精度为370～450米。这时期为适应已出现的低空突防兵器，低空、超低空防空导弹发展很快，研制出一批新型导弹，如“改进霍克”（Improved Hawk）MIM－23B、“壁虎”（Gecko）SA－8、“长剑”（Rapier）、“海麻雀”（Sea Sparrow）RIM－7、“标准”（Standard）RIM－66等。它们采用新的雷达技术、红外和光电复合等多种制导技术，使导弹低空性能和抗干扰能力大大提高。固体发动机的采用，大量的固体电路和微电子技术的使用，大大缩小了导弹及制导设备的体积。数字计算机的使用，使系统的自动化程度和可靠度有进一步提高，作战反应时间缩短到4～5秒。这时期，还出现了新的反辐射导弹，如在“麻雀Ⅲ”基础上研制的“百舌鸟”（Shrike）AGM－45A/B，1965年用于越战场。它装有不同导引头，能覆盖D～J各频段，以对付越军特定雷达，但易受干扰。这个时期，导弹在战争中广泛使用，促使了导弹的全面发展。例如1967年第三次中东战争，埃及用苏制“冥河”（Styx）SS－N－2A反舰导弹击沉以色列“艾拉特”号驱逐舰。到1972年法国便研制出“飞鱼”（Exocet）MM－38舰—舰导弹，它用简易“惯性＋末段主动雷达”制导，辅以无线电高度表，实际可靠度达0.93。这时期各国先后装备了112种导弹，其中对已有的导弹改进有34种。

20世纪70年代以后，导弹进入全面更新的高级发展时期。由于60、70年代局部战争的刺激，各国依靠微电子技术、计算机技术、光电高级探测技术以及推进技术的最新成就，加快了导弹的更新速度，出现了一批新式导弹。代表型号是：“SS－20”、“潘兴Ⅱ”、“和平保卫者”（Peacekeeper MX）MGM－118A弹道导弹、“战斧”BGM－109式巡航导弹系列、“爱国者”（PAC－1，2）、“宙斯盾”（Seawolf）和“响尾蛇”TSE500系列低空面空导弹；“不死鸟”AIM－50C、“魔术”（Magic）R550空空导弹、“飞鱼”系列、“捕鲸叉”（Harpoon）系列反舰导弹；“海尔法”（Hellfire）AGM－114A、“螺旋”（Spirat）AT－6反坦克导弹等。这些导弹的显著的特点是：制导精度高，突防能力和抗干扰

中国“雷石—6”精确制导导弹

能力强。

目前，战略导弹的命中精度（CEP）小于100米，（如“MX”导弹射程为11 100千米，命中精度为90米）；对静止目标，战术导弹的命中精度达数米，甚至可直接命中；对慢速目标，战术导弹的单发杀伤概率大都在90%～95%以上，有的达100%；对快速目标，战术导弹的单发杀伤概率大都在75%～80%以上。

随着高技术在侦察、监视和制导等领域日益广泛的应用，用光电、红外、遥感等高技术改进和制造出来的侦察、监视器和制导武器，具有克服不良天气及恶劣自然环境影响的能力。因此，侦察的精度和打击的命中率越来越高。如今，有的侦察卫星在距地球约1 000千米的高度，对地面目标的分辨率可达到0.15～0.3米。不仅能够识别舰船、车辆、人员等目标，还能够透过云雾和黑暗，探测到隐蔽在植被深处，甚至覆盖厚达数十米深处的目标。精确制导武器不仅能够在耸立如林的高层建筑中击中目标，而且还能在空中截击导弹。

导弹武器在战争中大量使用，已经改变了战争的模式。而现代最新科学技术的综合发展，又促进了导弹技术及其反抗技术的发展。今天电子对抗和光电对抗——电子战已成为现代战争的重要方面。在海湾战争、伊拉克战争、阿富汗战争中，电子战作为一种特殊的作战手段贯穿于整个战争的始末，成为决定战争胜败的关键之一。今天目标的伪装，低空入侵，多层次的饱和攻击，飞机的隐身，各种复杂的电磁干扰等，降低或破坏导弹的效力；

反辐射导弹、反导导弹及高能激光武器，正向防空和进攻的导弹武器发出挑战。因此，无论是空中目标，如飞机、导弹、卫星等，还是地面目标，如电站、战车、指挥部等，都需要有效地隐蔽自己，保存实力，使导弹能适应更复杂的目标环境，提高生存、突防能力和对付多目标的能力，是今后导弹制导系统的另一个关键问题。

毫米波制导技术

20 世纪 70 年代以来，毫米波理论和器件等一系列技术的进展，使得武器设计师考虑用较短波长的雷达来进行导弹制导，以此提高制导精度和抗干扰能力。毫米波制导系统主要优点有：

（1）体积小、重量轻。由于波长短，制导系统天线和器件尺寸可大为减小，可以使用介质波导和微带，已经有把毫米波混频器、本振中放、视放、AGC 和稳压电源等接收机组件集成在 4×0.65c 立方厘米的空间中。

（2）频带宽。已探明毫米波传播特性可资利用的窗口有四个：35 吉、94 吉、140 吉和 220 吉赫兹。可用的频带分别是 16 吉、23 吉、26 吉和 70 吉赫兹。可用的频率高，就会对友邻用户干扰小，敌方也难以干扰。因为频率高，则可以用极窄的脉冲探测，使距离分辨力提高。并可提高多普勒测速的鉴别力，这给慢速目标的多普勒频率检测带来了方便条件。

（3）波速窄。当天线一定时，毫米波天线的波束宽度比微波段要窄得多，因而，毫米波导引头能提供极高的测角精度和角分辨率。窄波束可减少杂波和旁瓣引起的回波，敌方截获困难，因而抗干扰能力强。

（4）有穿透等离子体的能力。对于高速的弹道导弹在进入大气飞行时，弹体周围将形成等离子体，当流场温度在 2 500 度和 3 000 度时，等离子体频率分别为 270 兆赫兹和 2 700 兆赫兹，对这个频段的无线电波有严重的反射和衰减。因此对远离等离子体频段的毫米波，传输时的反射和衰减很弱，对制导不会产生明显的影响。

(5) 和光电导引头相比较，毫米波导引头的特点是受气候和烟尘影响小，区别金属目标和周围环境能力强。

毫米波导引头的主要缺点是：由于大气吸收和衰减，即使气候条件好时，其作用距离也只有 10～20 千米。当有雨和云雾时，作用距离还要减小。

毫米波可以用于指令制导、驾束制导、自动寻的制导和组合制导系统。毫米波雷达系统的窄波束、高精度、较强的抗干扰能力和地（海）杂波抑制能力，使毫米波指令制导和波束制导在低空近程防空导弹系统和近距离地—地反装甲导弹系统中将会得到应用。目前很多采用微波指令制导的低空近程防空导弹，逐渐转向采用毫米波技术（或复合）。如美国“海狼”和“轻剑”使用 35 吉赫兹的盲射雷达 DN8t，使得低空性能大为改善。毫米波雷达，一般都采用单脉冲体制，作角距离为 20 千米左右。脉冲压缩、频率捷变、动目标跟踪都可以应用于毫米波雷达。毫米波相控阵技术已在探索，由于频率很高，构成相控阵的天线元、馈线、移相技术等必须采用新工艺、新机理，目前已经取得了一定成果。

在地—地毫米波指令制导或驾束制导中，为了克服多径效应和地杂波影响，并使系统小型化，预计会采用毫米波的高波段 140 吉赫兹和 220 吉赫兹。据报道，美军已用毫米波制导改善“陶”（TOW）式反坦克导弹在烟雾环境下的作战能力，已取得成功的进展。

毫米波被动导引头制导精度高、成本低、系统简单，已在导弹制导系统中使用。由于任何物质在毫米波段有较弱的能量辐射，其辐射能量取决于物质本身的温度和物质在毫米波段的辐射率，它可以用亮度温度 T_B 来表达：

$T_B = \varepsilon T$ （7.15）

式中，T 为物质本身温度；

ε 是物质的辐射率。

在热平衡状态的物体，其辐射率

$\varepsilon = \alpha = 1 - p$ （7.16）

式中，α 代表物质的吸收率；

p 代表物体的反射率；

由公式中我们可知：电导率大的物质，如金属、人体、水面等对毫米波的反射率大，因而辐射率小；电导率小的物质，如土壤、冰层等反射率小，因而辐射率大。

由金属组成的具有军事意义的目标，在毫米波段的辐射为零。因此，辐射计测量金属目标的亮度温度等于目标反射天空亮度温度，在晴朗的天气下，金属目标反射的天空亮度温度通常在 35 吉赫兹（8 毫米）时为 30 度，94 吉赫兹（3 毫米）时约为 100 度，而周围背景通常是 290K 的环境。这样较大的亮度温度差，就给毫米波被动导引头提供了目标位置的准确信息。

俄罗斯“黄蜂”改进型近程防空导弹系统

毫米波主动/被动自动寻的导引头已被俄罗斯应用在空地反坦克导弹“黄蜂”中，该导弹于 1977 年开始研制，1987 年装备部队。2003 年，俄罗斯又推出了“黄蜂”导弹的改进型，使其使用寿命延长了。该导弹的制导系统采用毫米波主动式与被动式复合工作方式，用高速信号处理机进行信号处理，使导弹以较高的精度直接命中目标，是一种“打了不管”的系统。“黄蜂”工作频率为 94 吉赫兹，天线直径 15.24 厘米，有效作用距离在晴天为 5 千米，能见度低时为 3 千米。主动导引为脉冲体制，发射窄脉冲。导弹发射后在预定高度水平飞行并搜索目标，寻的头搜索范围为±45°，搜索过程中在数字处理机中建立起地面目标的分布图，并将目标编号列成矩阵，由计算机控制，每个导弹能自动跟踪攻击不同编号的目标。当导弹自动跟踪一个目标后，导弹转入末制导，前段为主动式跟踪。当接近目标，为了精确命中目标，克服目标的“角闪烁”效应，在距离目标 200～300 米处，导引头改变工作模式，变为毫米波被动跟踪，利用目标与背景温度不同，从而辐射毫米波的强度也不同，可用毫米波辐射计检测出目标信号并跟踪目标。

在伊拉克战争中，“黄蜂”导弹表现不俗，共击落数十架美军固定翼战机。

总的说来，毫米波制导系统优点显著，具有良好的低空、超低空能力，以及优越的俯视跟踪能力，并对各种杂波、干扰环境的适应能力强。因此，20 世纪 90 年代以来，各国竞相发展，成为精确制导技术未来的主攻方向之一。

光电精确制导技术

导弹的光电制导包括红外、激光和电视制导三种，它是制导的重要分支。由于光电制导系统命中精度高、抗干扰性强、小巧简单，因而自 20 世纪 60 年代以来得到迅速的发展。特别是在近代战争中，雷达在电子干扰环境中极易丧失作战能力，因此以微波雷达为基础的制导武器的作用和生存受到严重威胁。相反的是，光电技术的发展，各种光电精确制导武器应运而生，成为精确制导的主要发展方向之一。目前世界上光电自导引武器有近百种，已列装使用的近 70 种。在空—空、空—地、地—空、地—地等各种类型的导弹中光电制导都有应用。

光电制导主要有三类：

1. 红外制导系统

红外制导是利用弹上制导设备接收目标辐射的红外能量获得目标信息，形成控制指令，实现对目标的捕捉和跟踪，将导弹引向目标的一种制导技术。由于红外制导是一种被动制导，因而弹上制导设备体积小、重量轻、角分辨力高，工作可靠。主要缺点是受气候影响大，不能在全天候条件下使用。

红外导引头分为非成像型和成像型两类。非成像型早在 50 年代就开始研究，并得到应用。

导弹系统中的调制器可以把光学系统接收的恒定辐射能变换为随时间变化的辐射能，使其某些特征（幅度、频率、相位等）随目标在空间方位而变化，经光电探测器将调制后辐射能转换为电信号，再经信号处理获取制导指令信号。调制器广泛使用的是调制盘，其式样繁多，图案各异，形成调幅式、调频式、调相式、调宽式和脉冲编码等类型的信号变化。美制“响尾蛇”空—空导弹中就装备有调制盘，它从误差信号的相位中提取目标方位角信息。

采用调制盘的点源红外自导引系统已有近 50 年的历史。由于结构简单、成本低廉，在空—空、空—地、地—空导弹中已获广泛的应用。20 世纪 70 年代以来，光电探测技术的飞速发展，加上红外干扰对抗的出现，仅用点源探测从目标取得的信息只是一个点的角位置信息，使这种技术已不能胜任更先进的制导系统的要求，于是出现了红外成像制导系统。红外成像是将目标的表面温度的空间分布状况按扫描时序探测获取各点信息，以可见光形式显示出来，或将其数字化存储在存储器中，用数字信号处理的方法进行图像识别。

红外成像自导引的优点是：制导系统有很强的抗干扰能力；灵敏度和空间分辨率较高，与可见光相比，红外有较强的穿透雾霾的能力，探测距离可增大 3～6 倍；命中精度高，能识别敌我目标。红外摄像头由光学系统与放在焦平面的多元探测器构成。其中固体扫描红外成像系统采用面阵探测器 CCD（电荷耦合器件）构成，这是 20 世纪 70 年代出现的新器件，近年有较大的发展，成功地用于红外成像遥感、侦察和红外制导中。

早期红外被动制导通常选择尾焰及尾喷管的热辐射进行探测和跟踪。因此，对飞机采取迎头攻击十分困难。为解决这个问题，近年发展了一种红外—紫外双模探测器。双色探测器是用一个紫外探测器与一个红外探测器同轴装配而成，红外辐射穿过紫外探测器才被红外探测器接收。导弹安装上这种探测器后，可以选取飞机对阳光的反射作为探测信号源，由于太阳辐射能量集中在可见光到近紫外光范围内，考虑大气传输特性和目标背景的辐射特性等诸因素，探测器使用近紫外区域为宜，最佳工作波段为 0.3 微米～0.551 微米之间。利用红外探测器保持尾追或侧跟踪时的作用距离。红外—紫外双模导引技术已在第三代红外防空导弹“尾刺”（Stinger Post）中使用。

近年来，欧美等国还开展了紫外—红外双色双模准成像导引头的研究，构成了第三代精确制导系统，主要技术特点是：用紫外—红外既能独立对飞机进行全向搜索与跟踪，又能实现对抗红外诱饵干扰等任务；紫外及红外双色都能成像，可以进行双模图像跟踪，对两种图像进行相关处理，进行模式识别，能对不同目标、不同的气象条件、不同的距离、不同的红外诱饵及地物、阳光干扰等进行智能化处理。

被动式红外自导引结构简单，是一种“发射后不管”的制导系统，除广泛地应用于末制导外，在便携式防空导弹中使用较多。这类轻便经济的地—空导弹在阿富汗战场上的战果显著。战争初期，前苏联一直牢牢控制阿富汗战场的空中优势，当时阿富汗游击队使用了第一代防空导弹 SAM—7 及第二代防空导弹“尾刺”，都无法有效地对抗前苏联飞机的红外干扰弹及主动红外调频、调幅干扰机的干扰。但当阿游击队把第三代“尾刺”防空导弹投入使用时，苏军大量飞机被击落。据称，1986 年至 1987 年两年间，美国提供 1 000 枚 FIM—92“尾刺”给阿游击队，阿游击队用“尾刺”导弹击落了 400～500 架前苏联和阿傀儡政府军的战斗机和直升机，因而根本改变了空中势态，成为苏军撤军的重要因素。

然而，风水轮流转。自 9·11 事件后，美军攻入阿富汗，大规模清剿塔利班武装。塔利班武装分子使用 SA—14 红外制导的防空导弹，给美军战机造成了一定的威胁，据说曾击落了美军阿帕奇直升机。

FIM—92“尾刺”导弹采用被动红外和紫外制导，具有“发射后不管”能力。它能够全向截获、跟踪和攻击目标。有效射程为 5 千米。导弹制导舱有陀螺光学装置、红外—紫外双模探测器、制冷器、电子部件、控制部件及电池。双模探测器可以使导弹有效地分辨目标、诱饵和背景杂波，防止导弹射向假目标。导弹上还装置了先进的微处理机进行数字信号处理，能有效地控制导弹，并对目标的变化迅速作出反应。新的“尾刺”系统经过改进，采用多模成像导引头，具有热敏性高和较好的空间分辨率。

2. 激光制导

激光的特点是高亮度、高定向性和高单色性。一个大功率调 Q 激光器的发光亮度可比太阳光亮度高几千亿倍。激光定向能武器就是利用激光的这一特征构成战略反导弹系统。激光定向性使激光束的发散角很容易做到 1～2 毫弧度，甚至可达 1 微弧度。这样能量集中，不仅能提高跟踪器的作用距离，而且还大大提高了测角精度，如用 0.1 毫弧度发散角的激光束，能在 10 千米外分辨相距 1 米的两个目标。光束窄，还能

GBU—12“宝石路”激光制导导弹

有效地排除地物或海浪的杂波及多径干扰。利用激光的高单色性，可极大地提高各种相干测量精度，并可用激光作载波传递大容量的信息。采用外差探测技术，还可大大提高信噪比。由于有上述特点，自 20 世纪 60 年代中期，就开展用激光进行制导的研究。激光制导，通俗地说就是利用激光来控制导弹的飞行并导向目标。目前，由于激光技术和装备器件的日臻完善，已经有几十种激光制导的导弹和炸弹，并在实战中取得辉煌的战果。

制导方式有激光主动制导、激光波束制导和光纤激光指令制导等。目前多半是采用半主动制导方式，即由制导站（地面或飞机）用激光器照射目标，弹上的激光接收机（光半主动导引头）接收从目标反射的激光能量作为制导信息，将炸弹导向目标。激光导引导弹的优点是：精度高，圆概率误差为 3～4 米（普通炸弹为 200 米）。主要缺点是不能在气象恶劣的条件下使用，因为云、雾、降雨、下雪都会严重影响激光的传播。

激光波束制导，是由激光照射器发射激光束对准并跟踪目标，导弹在飞向目标的过程中始终保持在激光束中心。如果导弹偏离了这个中心，安装在弹体尾部的激光接收器便会发出偏差信号，然后通过控制系统来纠正弹道偏差。这种制导方式要求激光束和导弹发射方向严格配合，技术难度较大，但整个系统小巧轻便，适合单兵使用。这是目前研制较成功的一种制导方式，主要用于防低空导弹。

半主动式激光制导，是利用装在地面或飞机上的激光照射器，向目标发射激光束（指示目标），目标表面反射的激光信号由安装在弹体头部的目标寻的器（即激光接收器）接收，然后通过控制系统将导弹或弹丸引向目标。这种制导方式多用于对付地面目标的激光制导系统中，如激光制导炸弹、空对地导弹、空对地反坦克导弹、激光制导炮弹，等等。半主动式激光制导方式的机动性和灵活性都比较大，它也是目前研制较成功的一种激光制导方式。

全主动式激光制导，是将激光照射器和目标寻的器都装在导弹上，由激光照射器向目标发射激光，目标寻的器接收目标反射回来的激光信号，再通过弹上的控制系统将导弹引向目标。这是一种比较理想的制导方式，特别适用于末制导，但目前发展尚不成熟。

以上三种激光制导方式，它们共同的优点是：命中精度高、抗干扰能力强、结构简单、成本低。未来战术武器都将沿着普遍采用精确制导的方向发展，而激光制导由于具有上述优点，因此是一种非常有效的精确制导手段。原有的各种制导方式（光学制导、红外制导、无线电制导等）的近程武器，都可以辅之以或改换成激光制导。

激光制导最成功的应用是灵巧武器——激光和电视制导的炸弹，早在越南战争中美军就已经成功使用。“铺路石 1”于 20 世纪 60 年代后期装备美军部队，它是在普通炸弹头部加装了激光导引头，在尾部加装控制弹翼，构成可控炸弹。母机用波长 1.06 微米的钕钇铝石榴石激光束照射目标，炸弹上激光导引头接收目标反射能量，控制炸弹准确击中目标，其命中精度小于 3 米。1986 年美国袭击利比亚时“铺路石 2”装备在 F－111 飞机上对付防御目标取得一定的成功。这种制导炸弹具有折叠式弹翼，便于运输，是“铺路石 1”的改进型。“铺路石 3”是一种低空激光制导炸弹，美空军代号为 GBU－24，它具有较大的弹翼，装置有软件控制的数字式自动驾驶仪，采用比例制导方式。这种炸弹具有较远的发射距离，并可在恶劣气候下使用。进一步改进是采用电视或红外成像导引头制导的 GBU－15 滑翔弹，该弹尾有一个通信天线，保持滑翔弹与母机的通信，把弹上探测到有关目标的信息返回到母机，并接收母机的操纵指令。GBU－15 是美空军现役中精度最高的防区外发射的武器。在海湾战争中，美军大量使用了这类灵巧武器（“铺路石”、GBU－24、GBU－15 等）攻击伊拉克重要军事目标。凭借精确度高，摧毁了伊军指挥部和飞机掩体，炸毁了巴格达到巴士拉之间 54 座桥梁中的 40 座。

目前，中国、俄罗斯、印度等国都在大力发展激光制导导弹，中国自行研制的激光制导导弹已经具有国际先进水平。

3. 电视制导

电视制导是利用电视摄像机摄取目标图像，由于电视图像上第一点都与空间景物的各象点一一对应，因此可以实现对目标空间位置的测量、跟踪，从而实现对导弹或炸弹的自动控制。

电视制导有以下特点：①精度高。电视制导往往在小视场角内进行角跟踪，一般电视扫描都在五、六百线以上，这样每一根线的角度是很小的，例如在2°视场内扫描600根电视线，每根线是2/600度，即0.2角分。现代战争实战表明，电视制导武器具有很高的直接命中目标概率，其精度可达1米以下，因而可以具有攻击目标易损或要害部位能力。②可以对超低空目标或低辐射能量的目标进行跟踪，如可跟踪飞行极低的飞机或飞航导弹，用来对付雷达无法发现的飞行器。对于复杂背景中的低辐射能量目标，只要目标与背景的图像有一定的对比度，电视制导系统便可以跟踪。③电视制导是被动工作方式，广义地说，可以工作在所有光谱波段，不受电子干扰，但对光的干扰较为敏感。④电视是直接成像，便于图像识别，用人工智能的方法选择攻击目标的要害部位，这是其他非成像制导方式难于做到的。⑤体积小、重量轻、电源消耗低、价格较便宜，而且使用维护简单。⑥电视制导对气象条件要求高。在雨、雾天气和夜间，可见光电视就不能使用。⑦难以取得距离信息。

尽管有些缺点，国外对电视制导技术仍一直比较重视。早在20世纪40年代末，美国就开始对电视控制炸弹进行理论探讨和基础试验。1963年美海军武器中心正式开始研制“白星眼”(WALLEYE) AGM－62A电视制导炸弹，1966年由马丁公司生产，1967年正式服役，用于越南战场。其圆概率误差为3～4米，比常规炸弹精度高近百倍。“白星眼”电视炸弹采用先锁定后投放的制导方式，共产生Ⅰ、Ⅱ两种型号，可由F－4、A－7等飞机携带。

欧洲“独眼巨人”光纤制导导弹

1972 年，美空军开始研制 GBU—15 型光电制导的炸弹，有多种工作模式，第一种工作模式是电视制导型，由弹上电视摄像机摄取的目标图像可以通过弹上数据传输通道传回母机，由母机进行识别，形成指令，通过数据传输通道遥控炸弹，因而可在看不见目标的情况下投放炸弹。GBU—15 主要用于攻击铁路、桥梁、建筑物、机场等大型固定目标。

在空—地导弹的末制导中，由于存在复杂的地物回波的影响，雷达工作方式受到很大的限制，而以电视为代表的光电制导方式占有十分重要的地位。在海湾战争中使用的“幼畜”（MAVERIC）AGM—65 A、B 是最著名的一种空—地型电视制导导弹，它是在发射前就锁定目标。

光纤电视反坦克导弹在 20 世纪 70 年代中期开始研制，以光纤作为图像和数据指令传输通道，以 CCD 摄像器件作为传感器。1988 年 11 月美陆军导弹司令部选中休斯公司和波音公司联合研制的 FOG—M 导弹，制导距离为 15 千米，主要用于反装甲武器，并可攻击在隐蔽处悬停的直升机。

组合精确制导技术

精确制导通常是一种组合制导系统，一般来说，只有综合各种制导的优点，才可能达到精确控制导弹击中目标。如前苏联“萨姆—4”采用了“无线电指令＋雷达半主动自动导引”技术，使导弹既具有无线电指令制导作用距离远的优点，又具有自动导引精度高的长处。又如法国“飞鱼”导弹，它采用“惯导+雷达主动式自导引”技术，善于从低空偷袭目标，在“马岛战争”中阿根廷军队使用它击沉了英国现代化的导弹驱逐舰“谢菲尔德号”，名噪一时。20世纪80年代后，战争环境更加复杂，电子战成了战争的一个重要内容。为此，世界各国研制的第三代导弹广泛采用了更加复杂的组合制导技术，构成具有抗干扰能力强、突防能力优异的精确制导系统，以美国的“爱国者”、“黄蜂”和前苏联的“萨姆－10”等为代表。例如“黄蜂”导弹采用了毫米波雷达导引头，在攻击坦克过程中还采用了不同的模式——“主动/被动”组合制导技术。为适应各种气象条件及复杂电子战环境的作战要求，各国均在大力开展不同种类导引头组合在一起的制导技术，如将毫米波与红外导引头组合，激光与红外导引头组合等。组合制导技术已成为当代导弹精确制导的一个显著特点。广义上来说，组合制导应包括多导引头制导，多制导方式的组合制导，多功能的组合制导，多导引规律的串联、并联及串并联的组合等种类。随着科学技术的进步，根据战略和战术的需要，以及攻击目标的特征，组合的内容也在不断变化，不断发展，已经出现了多种组合制导导弹。尽管花样繁多，但它们仍是由基本制导组合而成，一般是自主制导与其他各种制导的组合。

自主制导系统中导引信号的产生，不依赖于目标或指挥站（地面或空中），仅由安装在导弹内部的测量仪器测量地球或宇宙空间的物理特性，从而决定导弹的飞行轨迹。如根据物质的惯性，测出导弹运动的加速度以确定导弹飞行航迹的惯性导航系统；根据宇宙空间某些星体与地球的相对位置进行引导的天文导航系统；根据地形特点或景象特征导引导弹飞向目标的地图匹配制导系统等。

惯性导航系统应用较广泛，这种惯性制导是利用安装于导弹陀螺平台上的惯性仪表，测量导弹相对于惯性空间的运动参数

(如加速度等),并在给定的运动的初始条件下,由制导计算机测算出导弹的速度、距离、位置、姿态等参数,形成导引信号,使导弹按预定的飞行路线飞向目标。惯性仪表一般是用陀螺仪测量相对惯性空间的角运动,加速度计测量惯性空间的线运动,两者合成,便是导弹相对惯性空间的运动。这样,便可获取导弹相对惯性空间的运动和位置参数。

在自主制导和组合制导中使用的惯性导航系统有两种类型。一种是平台惯导系统(PINS)。它是利用安装于导弹陀螺平台上的惯性仪表(陀螺仪、加速度计等),测量导弹相对于惯性空间的运动参数(如加速度),在给定运动的初始条件下,由制导计算机算出导弹速度、距离、位置、姿态等参数,形成导引信号使导弹按预定的飞行路线飞向目标。在 PINS 中,平台的作用是给加速度计提供测量基准,隔离惯性仪表与导弹的角运动,并从平台框架轴拾取导弹姿态角信息。平台惯导系统体积大、维护时难度大。

另一种惯导是捷联惯导系统(SINS),将陀螺仪和加速度计直接安装在导弹上,没有实体平台,平台的概念与作用由计算机来完成,采用所谓"数学平台"。捷联惯导的优点是节省硬件平台,使系统体积、重量、功耗下降,提高了系统的可靠性,使用维护方便,成本低。目前存在的主要缺点是精度较低。

惯导的精度主要由惯性仪表的误差决定,一般要求陀螺仪的漂移误差小于 0.05 度/时,更高要求为 0.001 度/时,且在弹上工作环境条件下工作稳定可靠。近年来,由于光纤陀螺的应用,其漂移误差极小,成为精密惯导的优良探测仪表。以计算机为核心的捷联惯导系统,采用静电陀螺,其精度可做到 1 海里/时,速度精度 5 英尺/秒,姿态精度 4 角分,平均无故障工作时间达 2 000 小时。一种采用激光陀螺的 LINS 系统,其定位精度达到 1 海里/时,速度精度达 3 英尺/秒,姿态精度为 2.5 角分,平均无故障工作时间为 2 500 小时,所提供信息全部为数字信息。

在导弹制导中多采用组合式惯导系统，各取其优点，提高制导精度。如“天文—惯性”制导、“多普勒—惯性”制导、“地图匹配—惯导”制导，以及这些组合惯导和其他制导的复合制导系统。其中所使用的惯导大多采用捷联惯导，特别是在战术导弹中。例如，英国可垂直发射的“海狼”（Seawolf）是采用“捷联惯性”姿态基准的舰载防空导弹。德军研制中程地空导弹 MFS－91 中段采用“指令捷联惯导”，末段用主动雷达寻的制导。美国研制的先进中程空—空导弹（AMRAAM），在三个不同的制导阶段分别采用“指令惯导＋自主惯导＋主动寻的”制导，惯导均用捷联惯性制导；美国采用 T－22 导弹研制的近程飞航式战术地—地导弹是使用装有激光陀螺的捷联惯导系统。

地图匹配制导

地图匹配制导是在航天技术、微型计算机、空载雷达、数字图像处理和模式识别基础上发展起来的一门综合性导弹制导新技术。从 20 世纪 70 年代开始进行研究，理论日趋成熟，各项技术逐渐完善，并成功地应用于巡航式导弹和弹道式导弹中，大大改善了这些武器的命中精度。

地图匹配制导是利用地图信息进行制导的一种自主制导技术，现有两种类型：一种是地形匹配制导，它是利用地形信息进行制导，又称为地形等高匹配（TRCOM）制导；另一种是景象匹配区域相关器（SMAC）制导，它是利用景象信息来进行制导。它们的基本原理相同，都是利用卫星遥感或航空侦察获得导弹预定飞行路线的地形（或景象）图，进行分块，并量化各小块的特征参数，最后变成数字地图，存储在导弹上作为基准模板。当导弹发射后，弹上遥感传感器不断探测弹下地形（或景象）信息，送入弹上计算机，与基准模板进行相关处理，确定导弹当前的位置的纵向和横向偏差，形成制导指令，将导弹引向预定的区域或目标。

以数字地形图为例，某地域取出长 0.7 千米，宽 1 千米长方形地域，按照 100 米×100 米（单元）分块，并以每单元海拔高度为 10 米为单位进行量化标上数字，就得到该区域的基准模板。地图基准模板的数据存储器，目前已能由 4 个模块组成，每块是 4 兆字节 EEPROM，能存储 150 000 平方千米的地形和障碍物数据。

地形匹配—惯性制导系统方块中，假定导弹由东往西飞行，预定航线存储高度序列为“4、2、3、3……”，而高度表实测地形为：“3、8、5、2……”弹上计算机根据实测数字序列，迅速在预存数字地图阵列上进行扫描，并进行相关处理，便可发现实际位置匹配航线与预定航线在南北方向差 3 个单元（300 米），东西方向差两个单元（200 米），经计算机计算便可获得位置数据，修正惯性导航误差，并控制弹上控制系统，校正到预定航线上来。

地图匹配根据所利用的特征信息的不同，可构成各种不同的匹配相关器，如用雷达高度表构成地形等高线匹配制导。还有微波或毫米波成像雷达匹配制导、辐射计成像匹配制导、微波合成孔径雷达匹配制导（雷达区域相关）、红外成像匹配制导、电视（光学）成像匹配制导（景象匹配）等。这些匹配相关器与惯导组合，可以修正导弹的起始误差、测地误差，再入误差、惯导积累漂移误差等。从而可使武器系统命中精度大大提高，且与射程无关，理论上可以认为还存在零误差系统。由于此种制导过程是利用大量信息统计判决结果，即便是使用无线电敏感器，仍具有极强的抗干扰能力。目前，已使用的这类系统，命中目标的圆概率误差是在 30 米以内。

敌我识别（IFF）系统

1. 概述

由于现代战争的复杂性、敌我相互渗透等战术的存在，在战争中识别敌我，显得日益重要。现代战争越来越依靠计算机化的武器控制系统，自动化程度越来越高，各种兵器的机动速度越来越大，这就要求敌我识别也必须自动或半自动地进行。能自动进行敌我识别的系统称为敌我识别系统，即 IFF 系统。敌我识别可以通过密码询问和密码应答来完成识别。IFF 系统已用于陆海空三军及各兵种，用于完成地—空、空—空、空—海、海—海、地—海等各种敌我识别任务。

理论上来讲，敌我识别系统按两次雷达方式工作。地面询问机向目标（如飞机）发出加密询问码，若目标为我机或友机，其若装有自己方面的应答机，则能感知询问，并根据规定向询问机发回加密应答码。询问机收到此规定的应答码，即判为我机或友机。若为敌机则不可能发回规定的应答码。因而，询问机通过询问并接受应答即可完成敌我识别。

敌我识别系统的询问机和应答机均由下列各分机组成：密码机、发射机、收发开关、天线、接收机、终端机。IFF 询问机可与一次雷达配合工作，亦可独立工作。与一次雷达配合时，一次雷达的发射脉冲触发定时信号送给 IFF 询问机，询问机的询问结果也应送同一次雷达。IFF 询问机及应答机的工作过程如下：有效密钥由密钥注入器注入询问机及应答机的密码机中。密码机根据有效密钥产生有效的询问码及有效应答码。一次雷达触发定时信号到来时，询问机密码机将有效询问码送发射机，发射机将询问码变成高频功率信号由天线发射出去。应答机天线收到询问信号后，经收发开关送接收机。接收机将高频询问信号变频、检波后变成视频询问码，终端机将此询问码和应答机密码机中所存的有效询问码比较。如果两者相同，则将密码机中的相应的有效应答码由发射机变换成高频功率应答信号由应答机天线向询问机发回。高频应答信号的频率和高频询问信号频率是不同的。例如美军马克—12 系统，询问频率为 1 030 兆赫，应答频率为 1 090 兆赫。询问机天线收到应答信号后，由接收机变频、检波成视频应答码。终端机将此应答码与密码机中所存的有效应答码比较。若两者相同，则将载有该应答机的载机（或载船、载车等）视为我机，并将相应 IFF 结果送给一次雷达。一次雷达显示器将在有正确应答的我机回波旁注上相应的标记。一次雷达还将 IFF 结果与一次雷达数据一起送达指挥中心。

IFF 系统为军队口令，对战争胜负至关重要。无论认敌为我，认我为敌，还是根本不能识别，都要为战事造成极大损失。我们来看几个现代战争的例子。1973 年中东战争中，埃及击落以色列飞机 89 架，击落自己的飞机 69 架，其重要原因之一就是埃军 IFF 系统的问题。

英阿马岛之战中，敌我识别问题也给英军造成了重大损失。英国谢菲尔德巡洋舰被阿根廷飞鱼导弹击中，20 人丧生。当时装有现代化设备的英舰未采取适当自卫措施，就是因为舰上的指挥控制系统软件认为这枚导弹为友方导弹所致。在英阿马岛之战中，英国一架小羚羊直升机失事，4 名机组人员丧生，英当局开始说这是气候恶劣，后说是被阿根廷军击落。最后由死者家属揭露出来也是 IFF 问题。该直升机就是被英飞行员错误发射导弹击中的。

小羚羊直升机

1988 年，美国海军巡洋舰文森斯号击落一架伊朗民航客机，机上数百人死亡。面对这一悲剧，据美国众议院发言人说，“这是错误识别的明显事例”。

2. 美国的马克—121FF 系统

美国的 IFF 系统是在第二次世界大战中为识别飞机而发展起来的。在此基础上又发展了民用和军民合用的空中交通管制（ATC）系统。1953 年美国国防部提出了 IFF 系统作为军民合用系统的基础。到了 20 世纪 60 年代初，美国即已完成了军民合用系统。1967 年规定所有的喷气飞机必须有此系统，现在民用系统已发展成空中交通管理（ATM）系统。ATM 系统包括：空中交通管制、空中交通流量管理以及空域管理。美国的 IFF 系统原来叫马克—10（MARK—X）系统，后来增加了一个更安全的方式，称为马克—12（MARK—X1）系统。历史发展的结果，使得马克—12 系统成为一个军民结合的系统。地面询问机关照预定的询问码格式以 1 030 兆赫频率向空中发出询问，载有我方应答机的飞机确认为我方询问后，按预定的应答码格式以 1 090 兆赫频率发出应答码，从而完成询问—识别全过程。

马克—12 系统用于陆、海、空的不同用途的 IFF 询问机及应答机，其询问—应答码和基本组成虽然相同，但具体结构可能有很大的差异。地面询问机 AN/TPX—46（V），为美国赫塞廷公司生产的用于制导系统的 IFF 询问机 AN/TPX—46（V）各分机（天线、收发分机、密码机控制盒）的照片。AN/TPX—46（V）已用于美国的爱国者、霍克等制导制统以及大多数 AN/FPS 和 AN/TPS 雷达上。机载应答机 AN/APX—101（V）的主机为美国德立台公司生产的机载应答机 AN/APXl01（V）的主机的照片。AN/APX—101（V）已装于美国的各种军用飞机上，其中包括 F—15、F—16、F—17 等战斗机及 E—3A 预警机、C—1300 运输机和 S—61 直升机等。

马克—12 是军民共用系统。马克—12 的询问应答过程中，有效密钥（来自总部）经“密钥装入器”和“密钥注入器”注入到询问机密码机和应答机、密码机后，按一定方式即可工作。每次识别过程如下：询问机触发询问机、密码机。密码机根据当日有效密钥产生 32 位信息脉冲，加上同步脉冲构成询问码送询问机。询问机将其调制成 1 030 兆赫后经天线发射出去。我方应答机收到询问后，经应答机解调送密码机，密码机根据当日密钥对询问码脱密。确认为我方询问后，根据询问码确定三联脉 1 090 兆赫后发回。询问机收到后，由密码机检查 t_x 是否正确，若正确，则将正确应答脉冲送回询问机，并由正确应答记录器记录。然后重新进行询问应答过程。记录器根据规定的准则，比如五次询问有三次正确应答即判为我机，否则视为敌机或可疑。

马克—12 在方式 4 情况采用了相当长的密钥——128 位，每个密钥附加 32 位校验位从而组成 160 位的密钥字。密钥由总部发出，而且每日一变，以保证其高度的安全性。因此，要在有效期内用穷举法破译是不可能的。采用已经获得的知识去推测密钥产生规律，从而猜出当日有效密钥也极困难，因为密钥的保密性可靠性强。

海湾战争表明，美国的马克—12IFF 系统不能满足于现代战争的要求。实际上，对于马克—12 的问题，美国及北约早已有所认识，并大量投资改进 IFF 系统并研制新型系统。

3. 新型 IFF 系统的研制

据报道，美国及北约预计到对新型 IFF 系统的研制的投资将达数亿美元。已经考虑或可以考虑的部分 IFF 系统的新技术列举如下。

（1）扩展频段和提高工作效率。马克—12 采用与民航相同频率（询问 1 030 兆赫、应答 1 090 兆赫），这对于与民航兼容非常合适。但是由于是两个固定点频，因而非常易于被阻塞干扰。从抗干扰的角度来看，采用更宽的频率范围并进行跳频将是非常必要的。

同时，天线波束宽度取决于波长对天线孔径比。马克—12 工作于 L 波段，波长比较长，再加上为了简化设备（机上应答机还有载机对设备体积的限制）天线孔径比较小，从而角分辨力较差。这就不但降低了抗干扰能力（抗敌方干扰以及我方的异步和交错干扰的能力），而且不适于现代战争空战、陆战环境。为了获得高的分辨力应采用更短的波长。北约已计划对战场上的坦克、战车等的敌我识别系统使用激光。

（2）扩跳频技术。在发射端，扩频通信系统用宽带伪随机码对传送信息进行编码并展宽其频谱，再用小功率将此编码信号发射出去。在接收端，用同样编码对接收到的信号进行相关处理。凡波形不同于发射编码的干扰都将受到很大的抑制。这种系统有很强的抗干扰能力。同时，因为发射功率很小，甚至可以低于噪音，因而是一种隐蔽通信方式，这就大大提高了其抗侦破能力。低截获概率雷达也是基于同样原理。扩跳频技术是军事通信和雷达技术的重要新技术，在 IFF 系统中有很重要的应用。

（3）码分多址及 S 模式。S 模式（或 S 方式）二次雷达已被国际民航组织定为标准化技术。S 模式与 IFF 的民用方式完全兼容，并要求在方位测定中使用单脉冲技术。S 模式的 S 意指选择，即 S 模式二次雷达能够有选择地询问其覆盖范围内的飞机，并且任何装有 S 模式的飞机都能由波束内的其他飞机询问。这是因为每一架装有 S 模式设备的飞机都被分配一个全世界唯一的 24 位地址。编址方案已由国际民航组织进行了标准化，使得每次询问的只有二架飞机能够回答，从而避免了混乱。

S 模式虽然是为民航发展起来的并且已经标准化，但是作为其基础的选址询问及单脉冲显然也可用于 IFF 系统。

（4）在天线和系统设计中采用提高分辨力的技术。空—空询问机天线不可能大，使其分辨力受到限制。一种解决办法是 IFF 询问机利用机载一次雷达的反射面以增大孔径以及改善 IFF 天线的安装。改进角分辨力的一种重要技术是采用单脉冲。基于和差波束比较的单脉冲技术可以大大提高角分辨力。在二次雷达中，单脉冲常和S模式一起使用。

（5）自适应抗干扰阵列处理技术。IFF天线波束较宽，特别是机上应答机天线波束是全向的，因而干扰极易进入。目前，有一种提高抗干扰能力的重要技术名为自适应阵列处理技术。这种技术在于对天线输入端的信号和干扰环境进行分析，并基于此分析将天线波束的零点对准干扰，所以又称干扰对零技术。这种技术是要求比较复杂的信号处理系统。由于高速VLSI技术的发展，自适应抗干扰阵列处理系统的造价成本已经大大降低，预计将在新一代机载雷达IFF系统中获得广泛应用。

（6）高的兼容性和IFF系统工程。新一代IFF系统应该能与现用的和上述的新民航系统兼容，应该能与新的军事通信系统如JTIDS等以及C^3I系统兼容。这是一个重要的系统工程问题。由于这一问题涉及面太广，只能在发展各系统的同时逐步解决。

单就IFF系统来说，由于其涉及陆、海、空各军兵种，其本身就是一个复杂的系统工程，应进行深入的系统研究，其中包括IFF系统本身的技术方案、密码及密钥方案、与各种兵器的接口、战略和战术方针以及刚才提到的与民航、通信、C^3I的兼容等。

（7）安全保密的密码和密钥分配系统。IFF是一种保密通信系统，但又是一种特殊的保密通信系统。它是一种保密通信系统，因为它的目的在于传送保密信息。它是一种特殊的保密通信系统在于：①它传送只是一比特的信息——弄清目标是敌还是我？②这种系统是高度机密的军事系统，其一切战术技术细节均可以列入保密之内；③由于现在的国际形势，这种系统的密码密钥的秘密必须能长期保持，不像一般的商业等系统要求的保密时间很短；④由于IFF对战争胜负至关重要，敌对方或潜在的敌对方必然会通过一切手段利用大量人力物力，利用最现代化的大型计算机对对方的IFF密码及密钥系统进行长期的研究；⑤IFF密码必须能适于IFF系统总体及高频系统的要求。

考虑到这些特点，而且还必须考虑IFF设备可能落入敌人的手中，IFF密码及密钥系统设计时仍然必须基于现代密码设备设计的基本原则——保密系统的一切秘密寓于密钥之中。因此，IFF所采用的密码应保证其复杂度高、能经受得起在最恶劣条件下对手的长期的破译攻击。对新一代IFF系统所用密码及密码机方案必须深入的研究，相应的对IFF密钥分配系统也同样必须特别予以注意。因为IFF系统的安全保密寓于密钥之中，必须保证密钥分配系统的绝对安全。此外，密钥必须安全及时分配到全军所有兵器。

遥感技术

遥感技术就是不直接与目标物接触而通过利用电磁波信号远距离感知目标及其性质和状态的一项新兴技术。

遥感技术于19世纪问世。早在1839年，人类就利用它获得了第一张照片，1858年法国人首次乘气球在巴黎上空进行了空中摄影实验。到1903年发明了飞机之后，航空摄影迅速地发展起来。1957年世界上第一颗人造卫星升空时，人们把遥感装置装在了卫星上，开始出现了从宇宙空间进行无线电侦察和探测的方法，从此遥感技术进入了实用阶段，成为一种综合性的探测技术。美国战略通信卫星就是通过现代化的无线电仪器设备，来感知远方军事目标真相的。到20世纪60年代以后，遥感技术又应用到了国民经济的各个部门，如农林、水文、地质、海洋、测绘、环境保护、工程建设等许多方面。1972年美国发射了第一颗地球资源卫星，人们通过电磁波手段，首次完整地看清了地球的全貌，获得了极其丰富的地物资料。随着空间技术的发展，人类通过遥感技术从宇宙中得到了很多宝贵的资料。这说明人类通过遥感技术对未知领域的勘测和探索，进入了一个新的阶段。

那么，遥感技术的原理是什么呢？大家知道，地球上所有的物体都能辐射电磁波，通过遥感器接收来自物体的电磁波，再通过光学和电子技术处理后，从中了解物体的状态和性质，进而获取有关的信息。

遥感系统是一个团结的集体，成员有：遥感器、遥感平台、信息传输设备和信息处理设备。其中最重要的是遥感器，它的主要任务是感受来自目标的电磁波信息，通常由高分辨率照相机、电视摄像机、多光谱扫描仪等担任。遥感平台是用来安装遥感器的。信息传输设备是完成遥感平台与地面物体之间信息传递工作的。信息处理设备是对所接收到的信息进行处理的地方，主要有图像处理设备、彩色合成仪和电子计算机等。

遥感系统可分为不同类型。按遥感器载体不同可分为：地面遥感、航空遥感、航天遥感；按工作原理不同可分为：主动遥感和被动遥感；按摇感方式不同可分为：可见光遥感、红外遥感、紫外遥感、微波遥感等。无论怎样分类，每一类遥感系统在捕获远方信息方面，都具有很大的威力，特别是航天遥感技术更是占尽风光，很多国家的军事情报都是通过航天遥感技术获取的。到20世纪80年代中期，世界各国共发射了3 000多颗人造卫星，其中70％以上直接或间接地应用在军事上，上面装有各种遥感器，能对地面环境进行连续不断地侦察和监视。可见光遥感分辨率很高，可以清楚地了解到地面上的物体；红外遥感可昼夜工作并能识别地面上的伪装物；多光谱遥感更是优秀，它同时具有可见光遥感和红外遥感的全部优点；微波遥感分辨率更高，它能穿过云雾、植被和地表，在从侦察卫星上获得的照片中，能够清楚地看出机场跑道、滑行中的飞机、导弹发射架等军事目标，还能区分坦克和车辆的类型。概括起来说，它们的共同优点是：侦察范围广，不受地理条件的限制，发现目标迅速准确等。

其实，除了军事侦察以外，遥感所能做的工作还有很多。比如，遥感技术应用于武器制导上，可以大幅度提高命中精度。遥感技术应用于探测来袭的战略弹道导弹，能够提供25分钟的预警时间。遥感技术应用于军事侦察和军事测绘，能够减少飞机和舰艇的导航误差，从而提高作战效果。遥感技术应用于地质方面，可以进行全球性地质现象的研究，有利于寻找新的矿产资源，还可以对地震、火山等情况进行预报，还能对沙土移动以及河口演变等提供详细的资料。遥感技术应用于海洋水文方面，能为寻找地下水提供线索，还可以测量海水的深浅，为发展海洋事业提供依据。遥感技术应用于农林方面，可以进行大面积农情调查，掌握灌溉、排涝、施肥、除虫的时机，以便采取相应的措施，还可以估算森林资源，测量土质和牧草情况，为发展农牧业创造条件。遥感技术应用于环境监测方面，可以观察大气污染情况，帮助寻找污染源，检查植被的损坏情况等，以便更好地采取措施，保护生态环境。遥感技术也可用于考古发掘工作中。

事实上，通过遥感技术所获得的不同信息往往是重叠在一起的。这就必须研究目标的电磁特性，掌握电磁波与地、物作用的一般规律，才能从遥感图像上准确地获得更多有用的资料。

今后，遥感技术的发展趋势是：从被动遥感向被动遥感与主动遥感相结合的方向发展；从单一电磁波遥感向多波种相结合的遥感方向发展；从半天候遥感向全天候遥感方向发展；从定性遥感向定量遥感的方向发展。随着时间的推移，伴随着科学的不断进步和深入发展，遥感技术将发挥更大的作用。

红外隐身技术

1. 概述

红外技术是一项新兴的光学技术。红外系统与雷达系统相比，分辨率更高，隐蔽性更好，抗干扰能力更强。它与可见光系统相比，具有能识别伪装，可昼夜工作，受天气影响小等优点。因此，红外技术一经研制，便得到了广泛的应用，特别是在军事方面，红外技术越来越引起了各个国家的重视。

红外隐身技术是红外技术在军事上应用的一个重要方面。红外伪装技术即红外隐身技术，其基本原理是抑制物体的红外线辐射或改变目标的热形状，从而达到物体与背景的红外线辐射的不可区分，进而实现“隐蔽”自身的目的。

2. 红外伪装的方法

红外热像仪

红外伪装的方法有：红外遮蔽技术、红外融合技术、红外变形技术、红外假目标技术等。

（1）红外遮蔽技术

遮蔽就是采用一些屏蔽手段把物体如坦克、导弹等的红外辐射屏蔽起来，使传感器收不到目标物体的信号，或使接收到的信号大为减弱。常采用的遮蔽手段有：红外遮障、红外烟幕、红外涂料。

红外遮障的结构由隔热毯和伪装网两部分组成。隔热毯在内层，比伪装网要厚一些，它起隔热作用。伪装网在外层，起热分割、热变形作用。比如，一辆坦克红外伪装后，其辐射出的红外线和它周围大地辐射的红外线差不多，从而起到了伪装防护的作用。

红外烟幕是一种可以快速伪装的伪装器材，其关键部分是红外烟幕剂，在这种烟幕剂中含有有效地遮蔽红外线辐射的物质。在海湾战争中，美军轰炸伊拉克地面目标时，由于伊军点燃了许多油井，造成了某些目标区浓烟滚滚，使美军飞行员发现不了地面目标，无法发射红外制导导弹，结果一些美军只好未发一弹，飞机携弹返回。

红外涂料技术主要是用来降低、改变物体自身的电磁辐射特性，使之与背景的电磁辐射相适应。涂料涂在物体上可以起到对物体辐射出来的红外线的反射作用。可以使热像仪所得的热像模糊不清或与背景热辐射图像接近，使其辨别不清是什么目标或是否有目标存在。美军曾经最得意的F—117A隐形战斗机，就选用了红外隐形涂料，它在海湾战争中取得了突出成绩，达到了“隐形”的目的。

(2) 红外融合技术

反红外侦察的融合技术，一般就是通过适当的方式，把红外目标打扮一番，使其与背景具有相同的外观特征，使热红外目标完全融合在背景之中，从而不容易被敌方侦察到，从而达到隐蔽的目的。

第一种方法是红外干扰“气箔”。这种气箔可使坦克发动机等热红外目标所辐射出的热红外线，在较大的区域内消散掉，进而降低目标的表面温度，使其基本上接近于背景的温度，使目标融合于背景之中，红外探测器就很难从背景中将攻击目标辨认出来。这样就可以防止热寻的导弹对坦克等目标的跟踪，降低导弹对目标的射击命中率。

第二种方法是目标模拟器。这种器材可显示出各种不同类型目标的热辐射特性。大面积设置这种器材和材料，便能把真目标淹没在这种“背景”之中，起到迷惑对方的作用。

(3) 红外变形技术

红外变形技术就是使红外探测仪探测到的物体并非是真实物体的技术。它遮蔽了物体原有的特性，使敌方识别系统产生了错误的判断。

(4) 红外假目标技术

制造假目标可以分散敌方火力，转移对真目标的注意力。红外假目标必须具有与真目标一致的红外辐射特征，不但外形要像真目标，而且内部要配置热源，使假目标的外表具有与真目标相接近的温度。

在1991年海湾战争一开始，以美国为首的多国部队就猛烈轰炸伊拉克，企图一举摧毁萨达姆的指挥中心、空军基地、机场、导弹发射架、核生化设施等重要地方。多国部队出动作战飞机 10 万多架次，发射和投掷导弹、炸弹的吨位总数，超过了朝鲜战争三年的总和。但事态的发展却出乎了多国部队的意外。伊拉克的防空力量并没有被轰炸毁灭，仍在一个劲地发射“飞毛腿”导弹，700 多架飞机绝大部分仍然隐藏着，一半以上机动导弹发射基地和导弹发射架仍然完好。

伊拉克究竟用什么办法顶住了以美国为首的多国部队的猛烈轰炸，使美军感到头疼呢？一个主要原因就是萨达姆成功地运用了欺骗战术，大设假目标。据报道，多国部队轰炸的目标 80%以上都是假的，伊拉克拥有大量假坦克、假飞机以及完全用胶合板、纸板和塑料建成的空军基地。这些假目标上安有无线电发射器和热源，其发射的电信号及表面温度都和真目标相同。以此办法迷惑了美国的空军，使他们真假难辨，浪费了大量炸弹，造成巨大损失。

1973 年第四次中东战争中，埃及军队使用了大量涂有反雷达和对付红外侦察涂料的伪装网，加上巧妙的战术示假，使几个军的兵力在以色列人的眼皮底下集结成功。

3. 红外稳身技术的未来

在高新技术迅速发展的今天，各种现代化武器和新的作战样式大量涌现，军事探测器越来越发达，分辨识别能力越来越强。这就意味着凡是暴露的目标，一般说来都可以被侦察到，凡是被侦察到的目标，一般说来都可以被摧毁。在这种情况下，如何保存战场上的有生力量就显得特别的重要。

红外伪装技术是伪装领域中的新课题，是未来高技术战争中伪装作战的重要手段。在各国军事科学家们的努力下，在不远的将来，它一定会给军事伪装技术的发展带来新的飞跃！

电子战与高新技术材料

1. 电子信息技术在现代战争中的作用

第二次世界大战之后，世界军事科技出现了三个特点：①由钢铁战向电子战转化；②由全面大战争向战略防御、局部对抗转化；③由一般军事技术向军事高新技术转化。海湾战争等一系列战争证明，以美国为首的多国部队在战争试验场上的出奇制胜，完全是电子战打败了钢铁战。以海湾战争为例，伊拉克方面尽管仍然拥有先进的各类新型导弹（如“飞毛腿—8”、“侯赛因”、“阿巴斯”、“巴德尔”、“崇拜者”地对地战术导弹等）、油气炸弹，据说还有化学武器与生物武器，但却抵挡不住多国部队电子战略、战术武器的威力。

美国国防科学委员会成员、原五角大楼研究室主任威廉·皮瑞指出，现代战争向信息密集的战争——信息时代的战争转变。海湾电子战“在能力方面实现了量的飞跃”，“这一结果更接近于使用核武器的结果，而不同于应用第二次世界大战时的技术的结果”。

电子战在军事上的胜利是不言而喻的。如以过去战争中0.5%的消耗率来计算，多国部队要损失550架飞机（即美空军战斗机的四分之三会在战区内发生意外）。但事实并非如此。42天的战斗里多国部队出动飞机达109 868架次，却只损失了大约45架飞机，损失率只有0.04%。美空军投放了95 020吨炸弹，其中包括6 520吨精确制导炸弹，最新数字表明其命中率达82%～86%，这是过去战争无法实现的。

海湾战争期间，电子信息战的成功还表现在：①多国部队指挥官之所以能对整个部队了如指掌，并把遥远分散的作战分队协调起来，靠的就是信息机构。②多国部队在空中和地面战斗中始终控制着主动权。这主要是因为多国部队比以往任何时期都能更广泛地、及时地掌握信息，而且经常是实时信息。他们不仅在收集和分发信息方面尽量做到扬长避短，而且一开始就巧妙地摧毁了伊拉克军方的耳目和神经，使其成为一个“耳聋眼瞎”的巨人。他们还尽可能地向伊军提供假情报（如这场战争中从未实施过的两栖登陆）。总之，这场电子斗智的信息电子战，从战前的试验、演习，到海湾战地的“电子生态系统”综合成功，令五角大楼的军事指挥官们惊讶和兴奋，更令全球世人瞩目。

美国五角大楼

美国五角大楼所称的“电子生态系统”，是描述包含了指挥、控制、通信、计算机和情报（C^4I）系统在内，具有机动性强、涉及面广、复杂程度很高的一个战斗管理系统。其“电子生态”含义，包括了互连的数据库、侦察飞机和卫星、超级计算机和膝上计算机、密码密钥、无线电台和雷达、微型照相机和监视仪等诸多方面的全球性综合系统。其既存在于设备和电缆之中，也存在于整个电磁频谱之中。因此，电子生态系统是现代电子战的高度发展中枢的体现，决定了海湾战争中以美国为首的多国部队无与伦比的强大战斗力与迅速取胜的成功。

然而，综观上述海湾战争中美方电子战的高效率成功，在有限时间内以战场上最小的人员与武器装备消耗率而获胜，仅仅是军事投入的一方面。另一方面，为了准备这场仅仅发生了决胜地面战 100 小时的电子战，美国在 20 世纪 80 年代却曾耗资约 3 万亿美元来发展军事。这个高昂的军事投入，让世界各国看到并了解到了信息时代的战争内涵。这是现代高技术在军事领域里应用的关键意义。

2. 电子战争中的高新技术材料

现代科技的高技术是以信息技术、新材料、生物工程、自动化技术、新能源为主要标志的。

海湾战争这场人类战争的一个历史分界线，以其显示电子战的优势与不足，启示了一个新起点：在现代电子战争的电子高技术新材料中，需要不断进一步开展研究，其战略电子材料的领域，应当包括三个大方面：

（1）电子战争信息材料

海湾战争创造了电子战的奇迹，但也暴露了美军自身的不足之处，如敌我识别不准，地雷探测无力，通信失误等。由于各个系统与其他部队的系统混杂使用，试图解决每个系统的某些性能却是不能一日完成的。同时，如果对手不够强大，加上敌人的经常平庸一般的战术也可能使之产生错误的结论。

归结海湾电子战的失误不足之处，首先仍在于对信息的摄取、传输、处理问题。因此，需要进一步在现代电子信息材料及技术上全面发展提高。这应当主要涉及：

①电子敏感探测材料及传感器、探测器技术：高机敏化（灵敏传感快响应）、多功能化（多种功能复合）、集成化（传感与处理器集成）、智能化（传感识别，分析与处理，执行一体化综合系统）。即需要从一般传感器向 Smart Sensing 机敏材料与机敏传感器发展。

②电与非电换能材料与换能器、存储器、显示器、执行器等技术：换能材料微结构控制技术、换能（压电、热释电、铁电、驻极、光电、磁电）处理、隐身与反隐身材料（微波吸收与无源探测器，包括电子支援措施、红外/电光探测器、音响传感器和多光谱传感器）、干扰与对抗技术。

③微电子与光电子信息通信材料与技术：微米（<0.2 微米）硅片与数字（GaAs 与 InP、InSb、HgCdTe 等化合物半导体等）

基新型半导体材料在微波和毫米波以及其他波段（红外和可见光）电路器件技术，以及光电子器件，向纳米（nm）分子电子学技术的扩展，超导与非线性光学材料技术。

④电子与光电计算记录材料与技术：电子与光电存储、记忆、开关与记录器技术，CAD技术向生物电子学（生物材料，传感器分子膜开关等）、光子学（光纤材料如ZrF、Nd、Yag等，光学器件，光集成，红外探测，光计算处理器等）与分子电子学（有机、无机、聚合物、生物分子、分子器件、分子电路系统等）计算技术转化。

（2）电子智能武器材料

空间情报网、智能武器和电子战，是被美军五角大楼视为打赢海湾战争——这场高技术战争的三张王牌。

海湾高技术战争，以美国为首的多国部队自豪的事首先是，空间情报网与电子战。在五角大楼的战略家看来，金钱是战争的血液，而情报则是战争的神经。因而，以C^3I、C^4I生态系统与各种间谍卫星、光学卫星、雷达卫星、监听卫星、预警卫星和海洋监视卫星等的出色工作和配合，完成了100小时地面战的速决胜利。与此同时，还应归功美军部署了“打第三次世界大战的武器装备”，即把在10年冷战期间耗资5 000亿美元研制的各种智能武器全部投入了这场战争。

美军的这些高超智能武器，除著名的F－117A隐形飞机与“战斧”巡航导弹外，尚有号称“空中哨兵”的雷达预警飞机，“哈姆”式空对地导弹，“麻雀”式空对空导弹，“爱国者”式地对空导弹，多国部队“陶”式反坦克导弹，激光瞄准技术、红外瞄准系统和强光学望远镜，以及“鹰”式与“鹞”式战斗机装备的夜视夜袭装置等。

显然，海湾战争中多种智能武器的有效使用，标志现代智能探测、制导与计算机化武器时代的到来。当然，电子计算机化的武器绝不是不可战胜的。这一点已经从装计算机化的传感器的飞机和卫星，在探寻移动式伊方飞毛腿导弹时所经历的困难中得到充分的说明。

因此，现代电子高技术战争智能武器，除继续提高现有计算机化武器的作战能力外，还需大力开发新式智能武器材料及技术，诸如：①新式电磁武器材料（基于常态，电磁波束的电磁导弹与电磁子弹）；②激光武器材料；③微波束武器材料（非热效应与热效应，以定向微波束杀伤内部人力，或对付隐身武器）；④中子武器与等离子体武器材料；⑤生物武器材料（干扰与抗化学武器效应）；⑥电子智能武器材料等。它们直接或间接地支配与主导着炸药武器的成功威力。

如今，电磁炮、微波束武器等已经开始装备到一些部队中。

（3）电子太空能源材料

现代电子高技术战争的两面性，一面是正面的电子攻击与电子干扰，另一面是背面的电子支援与电子能源，两者互为表里的依赖关系是不言而喻的。

海湾战争以及2003年的伊拉克战争中，美军的空地海三位一体战斗系统，无论空中情报网、智能武器与电子战各部分环节，其工作寿命与有效性成功说明了各级电源系统的成功。

如今，现代电子战电子能源系统，需要在多方面发展：①常规电源材料与设备系统（军用电池、储能与馈电装置等）；②电子电源材料与技术（电化学电池、压电、热电、光电、磁电转换、驻极体电源、固体电解质电池电源装置等）；③太空能源材料与技术（太阳能电池、光电转换、驻极转换等）。

3. 电子信息技术及高新技术材料的发展趋势

电子对抗技术具有尖端性、群体性、动态性等特点。当前发展的趋势表现有以下几个方面：

首先，C^3I系统是自动化指挥系统的别名，是高技术战争中的中枢神经。因此，发展C^3I系统的对抗能力，是发展电子对抗技术的重点。

其次，隐形和反隐形技术是电子对抗技术发展的新领域。

再次，电子计算机病毒对抗是电子对抗技术发展的新课题。

最后，利用和发展传统电子对抗技术，是提高电子对抗能力的有效途径。

总之，电子对抗技术的新发展，最终以增强电子对抗的综合应用能力为目的。目前，各国都在朝着这个方向努力。

竞技神号航空母舰

1991年初，在海湾战争结束之后仅仅三个星期，于1991年3月20日，美国政府就率先公布了一份长达127页的重要文件——“国家关键技术”报告。在这份报告中列举了六大关键技术领域，共22项关键技术项目，其中第一项就是新材料，位居六大关键技术之首；其次相应为制造、信息与通信、生物技术与生命科学、航空与地面运输、能源与环境。与此相应，美国国防部向参众两院军事委员会提出的1991年国防部关键技术计划中，选定了对于保证美国武器系统的长期质量优势最为关键技术20项目，其中涉及新材料项有5项，包含材料合成与加工、电子与光子材料、陶瓷、复合材料、高性能金属与合金。显然，它们被海湾战争证明为最重要的国家高技术材料与军事高技术材料。

由此可见，材料与军事材料，在现代战争与军事电子高新技术中占有十分重要的战略意义。同时，军事电子材料与功能元器件的电子战战略意义，还可从世界领域总体高新技术发展中显示出来。根据美国商业部1990年发表的“新兴技术：技术经济机会调查”报告预测，20世纪初，全世界12项新兴技术包括：超导体、先进半导体器件、数字显示技术、高密度数据存储、高性能计算、光电子、人工智能、柔性计算机集成制造、传感器技术、生物技术、医疗器械、新材料。并在市场总额 10 000 亿美元中，新材料将达 4 000 亿美元，即占 40%。

显然，军事电子材料在电子战高技术及应用中的基础与先导地位，随着现代电子学的发展，还将显示更为突出的地位和作用。

夜视技术

在以往的战争中，一提起夜间作战与观察，大家很自然会想到比较熟悉的观察方法，比如用火把、照明弹、探照灯等，其中照明弹、探照灯至今仍是在夜间用来观察的重要手段。但这些方法最大的缺点是容易暴露自己，这对取得作战胜利是很不利的。于是人们便想方设法研制一种即使在黑夜条件下也能观察敌情，又不被敌人所发现的观察手段，这种手段就是夜视技术。

什么是夜视呢？夜视是指在夜间利用黑夜条件隐蔽自己，同时又通过使用电磁波的方法，巧妙地去探察敌人，进而去打击敌人。

大家都知道，在黑暗环境中，仍存在有少量的自然光，如月光、星光等，由于它们和太阳光比起来十分微弱，所以把它们叫做微光。在夜间微光条件下，由于光照度不够，因人眼睛生理条件的限制，一般是无法观察到景物的。

在夜暗环境中，除了存在微光以外，还有大量的红外线。什么是红外线呢？红外线是电磁波的一种，它的波长比人们看到的红光波长还要长，人眼是看不到它的。科学家们研究发现，世界上一切物体每时每刻都在向外发射红外线，所以不论白天、黑夜，在空间都充满了红外线，而红外线不论强弱又都不能引起人们视觉的反应。

红外线和微光的存在，启发人们通过两个途径对它们加以利用：一是将红外线转换成可见光；二是将微光增强。通过这两个途径使人们在夜间低照明度条件下进行观察的技术，就叫做夜视技术，人们将它称之为“黑暗中的眼睛”。用夜视技术制成的各种夜视仪器，统称为夜视器材。

到目前为止，尽管夜视器材的品种繁多、用途各异，但都不外乎两大类型：微光夜视器材和红外夜视器材。无论哪一种类型的夜视器材，它们都是先把来自目标的人眼看不见的光（微光或红外线光）信号转换成电信号，然后再把电信号放大，并用它去推动发光体发出可见光，也就是把电信号转换成人眼看得见的信号。这种光—电—光的两次转换，就是一切夜视器材实现夜间观察的共同途径。

夜视技术的发展和夜视器材的应用，给作战带来了很大的影响。比如，可以方便地进行夜间观察和侦察；可以顺利地进行夜间驾驶和夜间的瞄准射击；指挥员可以十分隐蔽地查明敌情，有效地组织战斗。显然，这将有利于夜以继日地进行规模较大的战斗，甚至可以将通常的“拂晓攻击”改为入夜后任何有利时刻进行攻击，这当然有利于战争的胜利。

在 1991 年的海湾战争中，美军配备了先进的夜视器材，使他们在夜间的观察达到了“黄昏”甚至“拂晓”的水平。在黑夜条件下，通过夜视镜美军可以观察到 1 000 米远处的目标。美军通过夜视器材，还发现了在白天不易被发现而隐蔽在沙漠中的军事设备和目标。美军对伊拉克的空袭多是在半夜后近凌晨时候开始的，夜视使他们达到了突袭的目的。海湾战争，70％是在夜间进行的，可见夜间已不再是作战的障碍，而是一个可以利用的条件了。

但是，不论哪一种夜视器材，都存在很多技术上的局限性，都还不能使人们在黑夜如同白天一样行动自如。其原因主要有以下几个方面：首先，各种夜视器材作用距离与观察效果，都受地形和地物的影响。其次，各种夜视器材作用距离与观察效果，都不同程度地受天气条件的影响。再次，使用夜视器材观察时，一般都有个搜索过程，发现目标比较慢。最后，用夜视器材观察到的目标，图像比较平淡，难于分辨细节，不利于识别，而且不能区分色彩。随着科学技术的发展，夜视器材的研制必将会有新的进步，上述各种局限性也将会逐渐被克服，夜视器材必将会更加完善。

计算机欺骗战术

计算机可以参加战争吗？当然可以，这不是什么稀奇的事。

2000 年春天，以美国为首的北约部队违犯国际有关公约，向南联盟进行了疯狂的空袭。在持续 78 天的空中战争中，以美国为首的北约先后调集了 1 000 多架战机轮番轰炸，南联盟也使出了看家的武器全力反抗。但国力弱小的南联盟最终在美国北约的淫威前屈服了。

战争结束后，美国声称只损失了 2 架战斗机。而南联盟方面则公开表示：共击落北约 61 架战斗机、30 架无人驾驶机、7 架直升机，拦截了 238 枚巡航导弹。

可是，他们两家谁说得对呢？下面的情况可以帮助我们进行正确的判断。

美国 F—117A 隐身战斗机

南联盟坚持说打下上百架北约的飞机，但只公开播放了一架被击落的 F—117A 隐形战斗机的残骸录像。对此，南联盟领导人解释说，由于南联盟境内地形复杂、条件有限，许多被击落的飞机无法录像，但南军清楚地从雷达屏幕上看到许多北约飞机被击落。

而美国在国防部拿出的一份绝密报告中指出，在南联盟境内的科索沃战争期间，美国成功地用假目标迷惑了南联盟防空部队的雷达识别系统。计算机网络作为一种新式武器首次被投入战斗，并成功地欺骗了南联盟的雷达和防空导弹。研究发现，南联盟发射的导弹大多命中了目标，但这些“目标”都是假目标，原因在于美国的电子专家——今天称为黑客侵入了南联盟防空体系的计算机系统。当南联盟军官在雷达屏幕上发现有敌机目标时，天空中事实上却什么也没有。除了几架无人驾驶机之外，南联盟实际上只打下 2 架美国战机，一架是 F－117A 隐形战斗机，一架是 F－16战斗机。在美军共出动的 35 000 架次飞机中，被打下来的飞机只有这 2 架。

美国的战略学家们将这种新型作战模式的出现视为“一次军事革命”，并认为，随着这一革命的深入发展，战争将可能不再依靠使用炸药和炸弹来决定胜负。目前，这种新型的“计算机战争”的各项准备工作正在迅速进行，而这些工作的进行主要取决于计算机的硬件和软件的发展水平。专门研究这种“计算机战争”的美国中央情报局和国家安全局，都得到美军各兵种和联邦调查局的大力支持。

几年前，还没有人认真对待这种新型的“计算机战争”，但是现在美国有成千上万的专家在研制数据武器、受到信息攻击后的早期预警系统以及防御系统。美国从事军事秘密情报报道的记者约翰·亚当斯在其最新出版的新书《下一次世界大战》中明确提出：下一场世界大战将是“计算机战争”。这种新型的战争主要标志是“计算机成为武器”和“战场无处不在”。

亚当斯在他的书中还披露：作为当今世界上唯一的军事超级大国，美国经常通过模拟演习和军事演习来检测信息战的威力，企图在未来的“计算机战争”中，掌握主动权。美国的这些做法，早已引起了各国军事专家们的密切关注。

第四章 军事科技与战争趣话

美电子间谍揭秘

第二次世界大战以后，美国为了军事和经济上的需要，在全球大搞电子间谍活动。以美国为首，有英国、加拿大、澳大利亚、新西兰参加的五国集团，组建了全球最为庞大的电子监听系统——“梯队”间谍系统，对全球尤其是对欧盟的政治经济决策机构和商业贸易活动进行监听，以帮助美国公司在国际市场上取得竞争优势，直接损害了欧洲各国的商业贸易、政治利益及安全。

同时，从 20 世纪 50 年代开始，出于在军事上压倒前苏联及华约的需要，美国总统艾森豪威尔下令研究开发间谍卫星，即能够从太空拍摄地球的制图卫星系统。之后，美国的间谍卫星系统迅速发展，建立起了一个强大的低轨道卫星集群，它的主要任务就是截收全球的通信信号、导弹发射信号和雷达波。现在，美国的间谍卫星已经在太空飞行了近 60 年，把地球的每一个角落都仔细勘测了无数遍。尽管如此，美国并不满足，特别是在冷战结束以后，美国陆续关闭了部分监视军用高频无线电通信的地面监听站，又把目标转向了商业领域，侦察对象既有东方国家也有西方国家，甚至连美国的亲密盟国也不放过。由于信息通信技术日新月异，美国出于独霸全球的战略，便在全球范围内，开展了多渠道、全方位的电子间谍活动，庞大的电子间谍监听系统——“梯队”，便投入到紧张繁忙的工作当中。

这个庞大的电子间谍机构到底干了哪些勾当呢？在20世纪末，美国著名记者詹姆斯出版了《迷宫》一书，在书中詹姆斯首次披露了“梯队”电子监听系统的核心内幕。

“梯队”系统的核心部位设在美国西弗吉尼亚的舒格格罗夫山、华盛顿的亚基马以及英国的两个空军基地内。它们都由美国的国家安全局控制，这些地面站绝对对外保密。舒格格罗夫山地面站内大大小小的碟形天线负责截收国际通信卫星的信号，全世界100多个主要国家和地区通过国际通信卫星进行的电话、电报和计算机通信，都有可能被这个地面站截收。这个地面站里驻有美国空军和海军最绝密的电子情报搜集部门，即美国空军第544情报大队和海军安全大队。据1998～1999年版的《美国空军情报局年鉴》和有关内部资料透露，驻舒格格罗夫山的美国空军第544情报大队的任务是“加强对空军作战司令官和其他通信卫星情报用户的情报支援”，这个大队下属的单位遍及美国境内外；海军安全大队的任务是“负责梯队系统的维护和运行”。设在华盛顿的亚基马地面站的任务是负责对所截获的电子情报进行分析、处理，然后上报美国的最高决策层。

美国的邻国加拿大是这个“梯队”的重要组成部分。设在利特里姆的“加拿大通信安全部”负责截收拉丁美洲上空各国通信卫星的信号。澳大利亚是“梯队”在太平洋地区的最重要的合作伙伴，其核心部分是其西海岸的格拉尔顿。自1993年投入使用后，格拉尔顿地面站有4个碟形卫星拦截天线，其侦察目标是在印度洋和太平洋上空轨道运行的国际通信卫星。负责拦截的情报包括：朝鲜经济、外交和军事形势，日本的贸易计划，印度、巴基斯坦的核武器技术发展情况等。澳大利亚另一个监听站位于其境内中北部海岸的肖尔湾，这个监听站有2个碟形天线，自1979年投入运行以来，一直负责监视印度尼西亚的通信卫星。

新西兰的监听站设在该国东海岸的怀霍帕伊，它于 1989 年投入运行，现由一幢情报处理大楼、一幢服务保障大楼和 2 个碟形天线组成。这个地面站保卫极为森严，曾发生过多起外人因不明真相接近地面站而被拘禁或被打死的事件。

这些分布在上述 5 个国家的 10 余个绝密地面监听站，环环相扣，既有分工，又有合作，它们相互交流拦截情报的关键信息，从而确保能拦截下最重要的情报。

“梯队”系统的秘密被曝光之后，引起了国际社会的极大关注，许多国家都严厉斥责这一严重侵犯人权乃至违反国际公约的罪恶行径。欧洲一些国家为现代通信无密可保而担心，更为自己的隐私权遭到侵犯而愤怒。欧盟国家已开始对此事进行全方位的调查，调查的重点：“梯队”电子监听系统是否大规模介入了针对欧盟商业贸易的间谍活动，欧盟总部的政治和经济决策机构是否遭到了“梯队”的全面监视，等等。英国人也表示了同样的愤怒，英国网络权益和信息自由组织负责人雅曼警告说：“发生在民主社会里的这种间谍行为如同逃出了瓶子的魔鬼一样可恶可怕！”德国人还呼吁欧盟各商业团体和机构“要迅速发展自己的技术和加密系统，防止美国打着全球安全威胁的名义，公然对我们进行间谍活动”。

美国《华盛顿邮报》也发表文章，抨击美国政府的如此卑劣的间谍行为，对英国政府的做法也进行了严厉的斥责。澳大利亚和加拿大政府也遭受到了本国民众的巨大压力。

1999 年 10 月，大西洋两岸的人权维护组织秘密发起了所谓的“干扰梯队日”活动。他们在一天的时间里，分别通过电脑输入了诸如“恐怖分子”、“公司绝密”之类的“梯队”系统专门识别的字眼，并发出大量的垃圾邮件，试图导致“梯队”系统负载过重而瘫痪。

这些事实表明，就是在和平时期，通过高科技手段进行电子战的事例也是每天都存在的。

在愤怒之余，人们开始反省目前高速发展的信息通信技术所带来的负面影响，正视其中存在的严重弊端，开始考虑应采取的防范措施。有关专家指出，“梯队”系统其实并不完全像人们所担心的那么可怕，因为这套系统也有其致命的弱点：一方面，由于通信量与日俱增，“梯队”系统已经无法对每一个通信信号都进行捕捉，再加上该系统的计算机容量有限，所以对越来越多的通信信号不得不放弃监视；另一方面，这个系统对语言信号的识别技术，在短期内不可能改善，到目前为止，美英等最先进的情报机构也还没有研制出可以识别特定人物语言声音特征的计算机软件，所以“梯队”系统根本无法识别到底是谁在讲话。还有，相关技术的发展也大大限制了“梯队”系统的能力：一是光纤电缆的使用，通过空中传输的信号几乎都可能被截收，但通过光纤电缆传送的信号却无法被截获；二是加密技术的日臻完善，形成了一道严密的“防火墙”，使“梯队”无法越过。

CS毒剂的效用与流言

在发达国家，虽然经济高度发展，人们的生活虽较富裕，但贫富差距大，加上不时发生经济危机与政治危机，人们精神空虚，让一般市民却缺乏安全感。在街头巷尾、在地铁车站，甚至在电梯中都会有暴力事件发生。盗窃、抢劫、强奸乃至谋杀等新闻经常出现在报纸杂志上。就连最应该是安静读书地方的校园，也会发生枪击流血事件。

谁不关心自己的安全呢，特别是青年妇女，更为自己生命财产感到担心，她们为自己的人身安全费尽心机。小型防身自卫喷雾器就在这种情况下应运而生，并走俏起来。化学武器制造商在近年来世界较少打化学战且国际社会开始对化学武器进行种种限制的情况下，便找到了产品开发的新途径。

美貌的小姐、年轻的少妇、银行的女秘书、电影界的女演员，以及商业界的老板娘都争相购买这种器材。她们认为，只要身上带有这样一瓶类似香水的东西、心里就踏实了许多。因为她们听到了许多怀有此类“秘密武器”的人化险为夷的故事。

在意大利，就流传着这样一则故事：

在水城威尼斯，美丽的湖泊河流纵横交错，水面上的游艇、帆船和小汽船往来如织，繁荣异常。特别是到了节日，张灯结彩，鼓乐齐鸣，一派歌舞升平的景象。然而一到夜晚，透过河面水天相映的万家灯火，却经常传来十分丑恶的新闻，暴力、抢劫、杀人充斥在每一个阴暗的角落。

1986 年圣诞节前夕，在威尼斯西北的一个小镇上，面包商范尼为了一桩面粉业务，去首都罗马经办账目，临时请来的帮工已经回家过节，家里只剩下老板娘和她的女儿：一个 14 岁的女孩罗丝。

这天晚上，月明星稀。老板娘母女二人已经把圣诞树运到家中，并且插上了各种玩具装饰。老板娘为增强喜庆的气氛，在树上专门做了不少米老鼠和唐老鸭的面点。这些可爱、有趣的玩艺一方面象征自己这个面包店生意兴隆和技艺高超，另一方面还可用它去招徕顾客，母女二人欢欢喜喜一直忙到深夜。

就在这时忽然传来门铃声，老板娘以为是丈夫回来准备开门。可小罗丝却上前拦阻：“铃声不对，这不是爸爸规定的长短相间的按门手法。”老板娘急忙上楼临窗窥望：河上的船只陌生，两个蒙面人立在门前，危机就在眼前。

老板娘叫女儿电话报警，但是电话没有声响，老板娘这下明白了，歹徒已将电话线掐断。无可奈何之时，罗丝小姐忽然想起父亲临行前留下的东西。那是两个小手电筒大小的灰白色塑料瓶。母女俩一人一个打开了瓶顶上的蓝色头帽，又将一个塑料管拿出来装上。

外面的人显然已不耐烦，不再按电铃了，而是一边砸门，一边喊叫：“快开门！”

“对不起，先生，你们找谁呀?”

“我们找老板。他叫我们晚上来修炉灶。”

“可我们不认识你们，我们不知道此事。”

“开门！开了门就会认识的!”随着喊声，从门外传来了撬门的声音，歹徒已经不耐烦了。

“请你们赶快离开，欢迎你们明天营业时再光顾!”小姑娘有礼貌地逐客，想尽力赶他们走。

“快开门!”工具声响更大了。

无奈之下，母女俩慢慢地移开钥匙眼的挡板，将细细的塑料管插了进去。当外面的人再次拒绝离开时，老板娘便按照女儿说的方法，压动了按钮，一瓶气体喷完了，小罗丝又补上一瓶。

老板娘再上二楼，轻轻打开窗子探望的时候，两个不速之客已经咳嗽着掩面而逃了。他们不敢再轻易来店铺门前了。随着夜风吹过，老板娘似乎也闻到了刺鼻的催泪毒剂的味道，她马上关上窗户走下楼来。就这样，两瓶 CS 毒剂喷雾器使老板娘避免了一场劫难，“使用 CS 驱走强暴”的新闻一下子流传开来。

CS 即为氯代苯亚甲基丙二腈。这是一种刺激性毒剂，是美国 1960 年装备起来的。该化合物的名字译成中文是西埃斯。它是美国人卡尔森和斯托顿在 1928 年合成的。

卡尔森和斯托顿是一对好友，他们共同献身化学事业，两人经常形影不离、废寝忘食地在试验室、在图书馆大楼中工作，不时奔走在各大学、研究所之间，久而久之，人们对他们多有猜疑。他们的夫人也有不少牢骚，而社会上不了解他们工作的人则诽谤他们二人为同性恋者，对其嗤之以鼻，售货员对他们也不屑一顾。甚至出租车司机收了费即扬长而去，从不礼貌地说声谢谢。两人难得有娱乐休息的时间，极偶然地一起去一次剧院，也会遭到白眼。在 20 世纪 20～30 年代的西方，被人骂做同性恋是比被骂娘还要厉害的恶语。然而沉浸在事业中的两人，对于这些似乎也是不屑一顾，他们一心一意要完成自己的事业，专心致志地朝自己目标前进，走自己的路，而不管别人说什么。

就在1928年，二人的科研成果公布，CS合成成功后，社会上的谣言不攻自破了，到处都是人们既尊敬又歉疚的目光迎接他们。就是他们的夫人，也为她们冤枉了自己的亲人而悔恨。社会给他们以最大的荣誉。美国化学会所有专家一致做出决定，为了纪念他们二人的研究成果以及他们伟大而纯洁的友谊，将他们合成的化合物以两人姓氏的头一字母命，即Carson和Stoughton之C与S，称为CS。

CS属刺激性毒剂，它是当今消耗最多的毒剂之一。主要对人的眼睛和呼吸道起作用。人中毒后眼结膜严重地的损伤，造成结膜炎，伴随有痛苦的烧灼感和大量流泪，中毒者流泪不止。若作用于人的呼吸道、咽喉，先有烧灼感，进而扩展到呼吸道系统，有时还出现鼻血；CS还会刺激人体皮肤。

CS毒剂其实就是人们常说的催泪瓦斯的一种。今天这个世界，200多个国家，各种不同民族、种族、工种的人，每天都会有一些麻烦事情发生。地区冲突、总统换届竞选、和平示威、种族矛盾、学生运动、球迷闹事等经常发生。而每每有这样或那样的事件发生，就会用到催泪弹。闻名世界的奥运会，其主办者也要花费大量资金，购买一些这样的控暴物品。一位警察说得好：“催泪弹与治安同在；警察与群众并存。”当然，警察所用的CS不会是那种小型的器材，而是催泪弹、催泪枪，甚至还有类似洒水车那样的CS布洒车等大型控暴器材。

虽然战场上不再可能使用CS毒剂，但今天的治安防暴，还离不开它。

能让猫怕老鼠的秘密武器

20世纪60年代初期，科学技术迅速发展。这一时期也是美国在二战后化学兵发展的黄金时代：马里兰州埃基伍德化学中心增加了编制；一些化学兵学校大量招生；各种学术讨论、野外试验以及化学战演习十分频繁。最新的化学战信息不断传来：又有新的毒剂合成出来，新的防毒面具问世，试验了新的化学炮弹，装备了新的器材。在所有的发明创造中，引起世界轰动、爆出高科技奇闻的，当属“猫怕老鼠”武器的成功试验了。

1961 年 10 月，为了对这一试验关键的精神毒剂有一个更深刻的认识，并对其战争应用前景作出估计，美国陆军化学兵司令部决定在科罗拉多州美军石山兵工厂召开一次“猫怕老鼠”的讨论会。

消息一经传出，报名参加会议的信件就像雪片一样飞来。报名者不但有国内各界化学战研究人士、大学教授和医学院大学生，还有不少北约盟军的化学兵或特种兵的人员，他们纷纷要求前来参加会议。

研讨会在兵工厂的演示厅召开。那天一大早，就有不少人在大厅门前等候。

当研讨会主持人斯塔布斯宣布开会，并以洪亮的声音开始讲话时，会场一下静了下来。他声称：“我们不愿使用化学武器，那样会给政府招来麻烦。我们试图将毕兹毒剂与致死性毒剂，即真正的化学武器毒剂完全区分开来。那样就使任何对使用化学武器的抗议，不再同我们使用的毕兹联系起来，因为这种高级化合物既不置人于残疾，又不置人于死命。我们最终希望拥有一种武器，可以给指挥官以更自由的支配权。”话音刚落，一些带和平主义色彩观点的人就又是咋舌、又是耸肩，表达他们不接受这种观点的立场，但他们没有退场。

一个教授模样的人走上讲台，他开门见山地介绍说：“毕兹毒剂是新合成的一种毒剂。它是一种精神性毒剂，这种精神性毒剂与神经性毒剂不同，其功能类似于阿托品，能使中毒的人丧失正常的活动能力。”接着，他从皮夹中拿出一套幻灯片，开始一边放映一边解释起来。

教授从几名意外中毒者的症状开始讲解，其中用了不少生物化学、药物化学的名词。尽管大家并不完全能够领悟，但仍聚精会神地听着。讲话人见大家听得津津有味，便心血来潮，将幻灯机关掉，拿起一支粉笔，走到黑板前面。

“毕兹是精神性化学战剂，它的全名称是二苯羟乙羧—3—喹咛环酯。”说着，他便在黑板上画起化学结构式来。然而，台下一些人从他一拿粉笔就感到不满，几个人溜了出去。当他刚画完两个苯环，就要往下面画连接键时，报告时间到的铃声响了，红灯也亮了起来。大家鼓起掌来，似乎欢迎他赶快下台，因为很多人对这些肥皂泡似的结构式并不感兴趣，大家都焦急地等待那场“猫怕老鼠”的表演。

会议又进行了一段时间，最后终于到了表演的时刻，讲台上开始忙碌起来：黑板连同隔墙一起上升，一个四面透明的玻璃柜推了出来。红灯亮，风机开动。随着一声猫叫，大家的目光转到了一个提着铁笼的人身上，笼子里关着一只大白猫。试验师一声准备，照相机、摄影机已经对准了试验柜。伴随着摄影机有节奏的响声，猫被送进柜中，虎视眈眈地转来转去，这时，又一个身穿白色工作服的少女提着一只鼠笼走了进来，她把老鼠放进了猫在的柜中。老鼠见了猫急忙躲闪，在那不到半米见方的笼子里跑来跑去，显然是吓坏了。可它没几圈就被大猫抓在脚下，而后又衔在嘴里，眼看难逃死亡的厄运。

这一表演，人们司空见惯，都觉得十分平常，而且很乏味。大家巴不得进行下面的项目。而上面这试验必须做。好证明这是一只正常的完全具有捕鼠食鼠能力的猫。大家都想亲眼看着这好端端的猫怎么突然会怕起老鼠来。

两个人将老鼠从大白猫嘴中夺出，又将猫放到另一个玻璃柜中，试验之所以不让猫将老鼠吃掉，主要是怕影响下一试验，猫一旦吃饱了就可能降低其捕鼠的积极性。那只猫仍像以前那样在柜中走来走去，似乎在回忆着刚才的情景，弄不明白人们为什么不让自己美餐一顿。

风机声音加大，说明已经换了调速挡，隆隆的抽气声使白猫震惊了一阵。一位身着特殊防护服装，戴着面具的人打开试验柜活门，迅速将猫抓住，随即给猫注射进一针白色的液体，放回去的白猫仍在那里走动着。

演示厅上的挂钟嘀嗒嘀嗒地走过了三分钟。

此时，猫的行动已变得迟钝了，当工作人员将两只老鼠放进柜中时，老鼠像上次一样战战兢兢，仍然东躲两藏地跑来跑去。而原来十分凶猛的白猫却变得软弱无力，见到老鼠它不但不像以前那样扑上去捕捉，反而惊恐万状、浑身发抖，眼睛瞪得大大的，步步后退。一只老鼠跑到它的脚下，另一只老鼠甚至跑到它的身上，而大猫却急忙后退躲闪，最后竟然一个趔趄摔倒在那里。大厅里旋即迸发出一阵笑声。

一个老鼠的天敌怎么突然惧怕起老鼠来了呢？原来，刚才给猫注射了失能剂毕兹，毒剂使猫中毒而行为发生异常，与会人员的好奇心终于得到了满足。

这就是当时轰动世界的猫怕鼠的奇闻，它显示了科学的力量。美军宣布，它储存有 50 吨这样的毒剂。人们又开始担心起来：50 吨失能剂一旦逸出会给人和自然带来异常可怕的后果。一位记者幽默地说："毕兹毒剂毒性很大，几毫克就足以使人中毒。如果将哪怕是 0.25 磅的（约合 2 两）毕兹投入到华盛顿自来水池中，将会使全市居民在几天内处于一种非常有趣的状态之中。"

当然，这种情况是绝对不可能发生的。

化学兵试验与六千只替罪羊

1968 年 3 月 14 日清晨，初春时节，天气还有点冷，美国犹他州斯卡尔峡谷里的达格威试验场正在进行毒性最大的神经性毒剂维埃克斯的武器动态试验。

神经性毒剂维埃克斯（VX），其化学结构目前是保密的，只知道它是一种新的有机磷化合物。其纯体无色、无味，常温下为易流动而不易挥发的油状液体。维埃克斯主要靠液滴渗入皮肤使人畜中毒，也能通过呼吸道使人畜中毒。中毒者，几分钟内就会出现症状。在形形色色的化学战毒剂中，它是当前毒性最大的一种，其毒性比人们熟知的沙林要大几百倍，甚至上千倍，因此有人打趣地将其称为“微克死”。美国准备将其列为化学战之武器，我们知道，每种新的毒剂列入装备之前，都要做很多试验。

试验场几百平方千米的草地上早已布满取样的瓶瓶罐罐，毒剂报警器已经开机，各种试验动物喂完了最后一次饲料，有的戴上面具，有的打了预防针或吃了解毒药，所有这些不一定都有效果，完全是为了试验，而那些没加任何防护处理的动物，简直就是专门用来受害的。

气象风机静静地转动着，化学兵分队已经准备好防护器材待命出发、毒剂侦察车已经发动，观察哨已经派出，指挥部的电话铃声不断，各个测试站点相继传来了“准备完毕”的报告。试验指挥者决心抓着早晨这个最佳试验时间（早晨和傍晚天候较稳定，不但是进行试验，也是进行化学战实战的最好时机）。当气象小队最后报告地区小气候详情之后，试验指挥部司令官命令全体参试人员进入最后 3 分钟倒数计时。时钟嘀嗒嘀嗒地响着，当宣布已到零前 1 分钟时，3 发红色信号弹升上天空，警报也跟着响了起来。

这次进行试验的目的是通过飞机施放器材，实地、实物、实毒进行，掌握准确的数据。由高性能战斗机携带毒剂布洒器对目标进行毒袭，然后测出各种数据，计算地区染毒剂量、考察动物中毒效果。

两架慢速侦察机在试验场上空盘旋了一阵后，高速飞机出动了。顺着飞机的航迹看去，飞机尾部出现了黑黄色的烟云——开始布毒了。所有现场人员快速采取防护态势，全身披挂起防毒衣裤、防毒手套、靴套、防毒面具来，准备作业、执行任务。

静静的草原被飞机发动机的轰鸣声震动着，笼中的狗狂吠起来，猴子也不自主地望着天空，它们似乎预感到自己的末日已经来临。以往的试验都用直升机或低速飞机，可这样的飞行器易被敌人前沿炮火击落，这次的高性能、高速度的鬼怪式飞机以 100 米的高度通过目标区进行毒袭布毒。

每架飞机乘有 3 名乘员，1 千多升液体毒剂超低空飞行在试验场上空，3 架飞机轨迹平行。喷洒桶的液面随着航程的增加而降低着，只一两分钟便到了试验场的边界。地面指挥官命令停止布毒，操作员关闭了布洒器的阀门，飞机继续向前飞了几十千米。

就在 3 名机组人员准备回场降落之时，一名观察哨忽然发现，第 3 架飞机的阀门并没有关好，喷出的黄色油烟正向着临近试验场的牧区飘去，而在牧区中，隐隐约约地似乎有不少羊群正在吃草。

几小时过去了，当放牧人中午骑着马儿去查看自己的牲畜时，惊奇地发现不少绵羊无精打采地倒在那里，像是在睡觉，有几只羊浑身抽筋痉挛，嘴上冒着白沫。牧羊人下了马，使劲抽了一个响鞭，若是往常，羊群会一惊而起，去追赶头羊，可是现在，这些羊几乎失去了反应，它们甚至连眼睛都未能睁开一下。牧羊人再往前几步，发现有几只羊已停止了呼吸。牧羊人赶快给牧场主拨通了电话，报告情况。有经验的牧场主又立刻打电话给试验场，提出疑问。

试验场因为与牧区相邻，经常发生摩擦。试验场人员对于这样的情况已司空见惯，认为又是无事生非，小题大做，对于牧场提出的问题，回答是无可奉告并对这一指控矢口否认。

然而，这次却非同往常。

牧场主办公室里，羊群死亡的数字急剧增加：300，500，900，中午到达了 2 000，到傍晚已有 5 000 只羊死去。牧场主心急如焚，几次电话都得到同样的回答。于是只好一面连夜去请专门兽医检查医治，一面派人前往达格威试验场交涉。

三天之后，交涉失败，羊群死亡总数已达 6 000 只。而兽医化验结果已经得出，死亡原因都是化学药剂中毒。兽医们虽说不出药剂的准确名称和结构，但都明白无误地指出，这是由一种比过去任何含磷毒剂毒性都更大的毒物所致。牧场主很自然地将此归罪于试验场的军方活动。

牧场主决定起诉，于是爆发了一场闻名世界的牧场主与军方的羊群诉讼案件。事件影响之大甚至惊动了美国总统。

美国公众，世界舆论均站在牧场主一边，纷纷谴责军方进行的野蛮毒剂试验，当时的前苏联等国对此进行了连篇累牍的报导。一些和平主义者联名写信给美国总统，要求停止这类罪恶的试验。美军参试人员被迫出庭作证。起初，他们一口咬定机上装置一切正常、一切操作均符合教范要求，没有什么可以挑剔的地方。就在第三机组人员个个举手宣誓时，该机组操作员突然反悔并承认，由于喷洒器阀门出现故障，关闭时间有所推迟，随着风向改变，毒云好像飘出界外许多。隔窗望去，确有羊群在活动。这一下使情况骤变，军方在场人员愕然，惊恐地看着他的部下。最后，军方只好在人证、物证俱在情况下，垂头丧气地认输："我们不想否认事实，羊群死亡可能由达格威试验所致。"

事件以牧场主胜诉了结，军方须拿出 50 万美元的赔偿并保证今后不再发生类似事件。

事过多年，就在美国上映反映以维埃克斯毒剂导弹作为恐怖手段进行威胁的故事片《勇闯夺命岛》时，人们仍对羊群案件心有余悸：飞机布洒器事故出在牧区，可怜的动物成了"替罪羊"，如果影片中的坏人得逞，或者某天美国储存的数万吨维埃克斯毒剂失控或泄漏，死亡的动物就不再是羊了，将会出现多么可怕的后果啊！

烟里逃生的坦克

每种新式武器诞生不久，就会有人研究破坏这种武器的手段。坦克曾是陆战中的钢铁堡垒，在刚上战场时，除了自身的故障外，任何武器都奈何它不得，但很快就有反坦克炮、反坦克手榴弹、反坦克地雷，进而有了反坦克导弹。攻与守之间，矛与盾之间的较量从来没有停止。

1973年10月的第四次中东战争中，以色列第190装甲旅就是被反坦克武器消灭的。

当时的坦克旅司令官急于建功立业，对敌军十分轻视。在他指挥下，决心粉碎刚刚渡河过来的埃及军队。司令官是如此傲慢轻敌，以至拒绝了步兵的尾随支援，他认为没有步兵，也不需什么掩护，光凭良好的坦克车体和强大的火力就能与埃及的苏式装甲一决高低，打败敌人。

面对来势汹汹的以军，埃及部队沉着应战，他们将步兵放在前沿。每二人编成一个战斗小组，携带苏制手提箱式反坦克导弹和反坦克火箭等武器进入阵地，而坦克部队则伺机支援，以军坦克的末日来临，可他们对此仍一无所知。

每次中东战争背后都有大国的身影。当时，前苏联支持埃及，因此提供给了埃军这种反坦克武器。苏制反坦克导弹属目视有线制导反坦克导弹，它的优点是只要视野清楚，操作人员手感好，动作娴熟，就可以发挥巨大威力。以色列坦克出现了，坦克群在进攻的路上，一见没有埃军坦克迎战，便放心大胆横冲直撞地开了过来。然而，就在接近埃方阵地的一刹那，埃军步兵突然开火，一枚枚反坦克导弹拖着长长的银线，呼啸着奔向以军的坦克；一发发反坦克火箭，留下一团团烟雾后，告别了阵地击向了美制的以军坦克。反坦克导弹弹弹制导准确，反坦克火箭发发射击命中。以色列的坦克被这突如其来的打击弄得晕头转向。队形一下子乱了，联系断了，以军190装甲旅成了乱了窝的马蜂。有的坦克起火了，有的坦克爆炸了，还有些坦克互相碰撞到一起，一片狼藉。开战仅2小时，190装甲旅便全军覆没，骄傲的司令官阿里萨夫将军最后只得带着残余的25辆坦克，插着临时用撕碎的衬衫做成的白旗向埃军投降了。反坦克导弹是第二次大战后发展起来的，中东战争时所用的是第一代目视有线制导，现在已发展到红外、激光进行制导，可参看前文介绍的美军在海湾战争中的有关知识。

就在以色列坦克乱成一团时，有两辆以军坦克同时被埃军反坦克导弹跟踪，其中一辆一味快速行驶想摆脱导弹；而另一辆急中生智向着一辆冒着浓浓黑烟的起火坦克冲去。一分钟过后，前一辆坦克被导弹击中，而后一辆坦克则侥幸地烟里逃生。

因这一事件，以色列军队联想到了烟幕，紧急请调烟幕器材支援各个战区和各个作战部队，装甲部队要配发一定的发烟弹药。在随后的战斗中，埃及的反坦克火箭、反坦克导弹在使用中受到了干扰，烟幕将坦克车体遮蔽，等待射手操纵手柄以校正飞行的导弹，因射手看不到目标而盲飞坠落，以军坦克的生存率大大提高了。

战后，军事家们纷纷总结这次烟幕作战的经验教训。一句体现现代战争的格言诞生了：任何被看见的目标都能被命中，任何被命中的目标都能被摧毁。因此，要想使目标不被摧毁，首先就要使目标不被命中。而使目标不被命中，就要使目标不被发现，而烟幕恰恰是遮蔽自己，使之不被敌人发现的有效措施之一。

中东战争之后，发烟器材身价倍增。发烟器材不是高科技产物，但其中有高技术成分在。人们首先想到的装甲车辆的烟幕防护。这里既有应急的烟幕榴弹发射器，它可发射6～12枚烟幕榴弹，榴弹在2～3秒内瞬时成烟，在近百米处将车体完全遮蔽起来，体积相当于车辆的几倍至几十倍，完全可起到伪装遮蔽的作用，烟幕在空滞留2分钟左右；又有可持续发烟的车辆发动机排气发烟装置，它靠车辆的尾气热量将发烟油蒸发后排出，然后遇冷凝结成雾。这种发烟方式只是成烟慢，但可以持续发烟。不但可遮蔽自己，还可遮蔽车队队形。两种发烟器材结合形成一种对坦克部队可靠的伪装遮蔽手段。

其实，前面所说导弹精确制导，不单单是反坦克导弹能精确制导，地—空导弹、地—地导弹、空—地以及空—空导弹都有个精确制导的问题，也都研制出了精确制导手段；所说坦克烟里逃生，也不单单是坦克能烟里逃生，飞机、火炮乃至作战部队，城市设施都可在烟里逃生，在烟里得到保护。近年来各国重新发展起来的发烟器材，在某种程度上也可起到支援部队完成“保存自己，消灭敌人”任务的作用，因此，不少人已将发烟器材列入武器器材一类，更有人称其为烟幕武器。

越战中美军大施落叶剂害人害己

1980 年春季的一天，在美国最繁华的都市纽约城的一个大教堂前，曾举行了一个特别的抗议集会，参加集会的人一不拿标语，二没有蒙眼罩，而是携儿带女。乍一看上去，这似乎不是什么集会，而像是城市市民在街头观看艺人的音乐演奏。可仔细一看，景象简直令人大吃一惊。

原来，参加集会的 100 多人，所携带的孩子们都是一些畸形孩子。你看，这是一个男孩，他从一出生就没有食道，靠输营养液已经 5 年了。那个穿红衣服的女孩叫朱丽叶，多美的名字，令人想起莎士比亚戏剧中的女性，她的脸盘十分俊秀，时年 9 岁，可是她从一降生就只有一条腿，是一个名叫赖恩的军人的女儿。

一二百个孩子都有缺陷，或五官不正，或缺胳膊少腿。再看那爬在地下玩皮球的孩子已经 7 岁了，他没有胳膊，两手长在肩膀上，因此即使从地上捡起那个皮球，也要跪下或趴下。不少孩子一出生就住进矫形医院，然而使医生们感到抱歉的是，有些畸疾根本无法矫正。

集会的参加者都是参加过越战的退伍军人，这些孩子都出生在没有畸形婴儿记录的家庭中。人们找不到任何其他原因，唯一的共同点就是畸形孩子的父亲都参加过 20 世纪 60 年代的那场越南战争，而且都不同程度地参加过美国化学兵作战——使用化学毒剂落叶剂的行动。

现在，这些退伍军人把个人家庭的不幸和那场肮脏战争联系起来。他们集会控诉化学毒剂——落叶剂的生产者和有关负责人，要求当局赔偿损失。由于他们文质彬彬，不吵不闹，只是现身说法，向社会表白介绍情况，因此，警察不但不干涉他们，反而为他们的演讲游行维持秩序，提供必要的支援。这些人的遭遇赢得了人们的广泛同情和怜悯，人们说这是美军大施落叶剂的后果，害人终害己，玩火的是美国政府当局，不仅伤害了越南军民，也伤害了自己军队的无辜士兵及其子女。

提起化学毒剂落叶剂，要追溯到 20 世纪 50～60 年代的那场战争。

"落叶剂"或名"植物杀伤剂"，原来是 20 世纪的一项和平科学研究发展计划：为了防止马来西亚热带橡胶种植园可能发生病菌感染，避免成灾，一旦某地的橡胶树出现疫病，就用一种称作 2.4.5－T 的化学药剂进行喷洒，该地区周围由于喷上了这种杀伤剂而造成树木落叶，这样就在传染中心造成了一道防疫隔离线，减少了疾病进一步蔓延的危险。

美国为了对付北越游击队出没无常，打了就藏、打了就跑的作战方式，便将这一本用来造福人类的科研成果用到了作战上，开始沿公路交通线大量喷洒，目的是使丛林稀疏，令游击队无处隐藏。

当时，由大型运输机 C－123 组成的特别空中小队，满载化学药剂，在震耳欲聋的马达声中，沿着越南西贡郊区的几条主要公路两边低空飞行，喷洒器像人工降雨一样往每棵树喷上药剂。热带阔叶树经过喷洒后几天，就干枯落叶。一周后则只剩下光秃秃的树干了，公路两旁能见度明显增加，再也无法藏匿任何人了。

美军不但使用植物杀伤剂对树木进行树叶催落，与此同时，为了断绝游击队粮食补给，还丧尽天良地对农作物进行摧毁。南越伪总统吴庭艳厚颜无耻地说："这些化学毒剂攻击游击队的稻田、木薯和甘薯特别有效，从而给游击队生存造成困难。"

随着越南人民抗美独立战争的节节胜利，美军使用落叶剂的行动也在逐步扩大。随之而来的环境污染也日趋严重，以至美国政府在国内外一片抗议声中停止这种野蛮行动之时，越南南方被施落叶剂的土地面积已占南方土地的11%，大约78 000吨化学毒剂落在了土地上面。

如此大规模使用落叶剂这种有毒物质，当然要产生严重后果。受害者不但是越南，就连操作这些落叶剂的美国人也身受其害。

美军最常用的落叶剂是橙色剂，它是美国所制，其成分是2.4—二氯代苯氧乙酸正丁酯和2.4.5—三氯化苯乙酸正丁酯，简称2.4D和2.4.5—T。当时，面对指责，据美国当局声称，它无腐蚀性，挥发性小，对人畜几乎无毒害作用，操作人员即使溅上这种液体也不必惊慌。

然而越南战争结束多年后，成千上万返回故里的美国军人却发现，其本人乃至其生育的子女都是这种落叶剂的受害者。不少从越南回国的美军已死于癌症，更有不少人得了其他恶性疾病，人们普遍认为，病因皆与橙色剂有关，因为橙色剂中有一种持续力极强的剧毒物——戴安辛。

受此物影响，不少退伍士兵生育出了畸形子女，有的没眼睛，有的缺耳朵；一些婴儿的手脚很短或干脆没有。更为奇怪的是有的婴儿内脏长在体外，有的孩子有两个生殖器，而有的孩子根本没有生殖器。

到1990年为止，已有近千名士兵上诉美国法院要求政府赔偿。那位只有一条腿的女孩朱丽叶的父亲在法庭上控诉说："政府和化学物生产厂家明知橙色剂内含剧毒物，却向美军士兵隐瞒真相。"他再次抱起小朱丽叶给大家看。

然而知情人指出，生产商也毫无愧疚之意，他们拒绝承担责任，反而指控政府曾阻止厂家在运往越南的落叶剂包装桶上张贴警告性说明。政府和厂家尽管在争吵，但谁都不是受害者。

在这次大会上，人们组成了一个名叫国际橙色剂受害者协会的组织。大会宣言说："越战几年，总共 57 000 名美军丧生，相信会有同样多的退伍军人受到橙色剂的直接毒害，连同妻子儿女，将有几十万人间接受害。"

一个名叫泰斯·尼登的人会后对记者说，他曾在越南战争期间为空军工作。每次作业飞机起飞，他都负责落叶剂的注液工作，飞行着陆后负责清洗飞机喷洒器，他记得有一次不慎将一只军靴掉进落叶剂之中，几分钟后便被溶解得支离破碎。他一想到此事，就不寒而栗。

落叶剂带给越南大片荒芜的土地，使越南生态环境发生了变化，导致越南居民肝癌发病率、婴儿畸形率和妇女流产率的上升。使用落叶剂成为历史上的一大罪恶行为，不幸的人们会对它一直控诉的。

可以制造地震的炸弹

科学技术日新月异，以高新技术为龙头的新式武器也层出不穷，原子弹、氢弹、中子弹等核武器，沙林、维埃克斯、塔崩等化学武器，生物武器，基因武器，微波武器，激光武器，计算机病毒武器先后问世，战场作战真是花样不断翻新。如今的世界，再不像以前那样坚不可摧，它根本经受不住以热核武器、生物武器和化学武器等新武器为手段的世界大战的折腾。因此，人类都正在努力维持和平，反对战争，但是，为了保持军事威慑，新的武器还在不断出现。

成果之一，见诸于一则英国报纸报道：“地震炸弹”不是科幻，它曾由前苏联研究，用来摧毁美国。

事实证明，美国也和前苏联一样极其秘密地研究包括人工地震在内的种种气象武器。两国都在认真寻找可置对方于死地的杀手锏，为了达到扼制甚至消灭对方的目的，不惜使用一切手段。

据一位前苏联克格勃将军说，前苏联曾经考虑研制一种地震炸弹，它能够在地下爆炸，造成地震和海啸，从而让这种巨大的灾难来毁灭美国。

前苏联地震学者确实为此进行过热核试验，试验的目的就是看核爆是否会引发地震。科学家为此很快便得到军方的慷慨拨款。即使在戈尔巴乔夫于20世纪80年代末竭力制止冷战、压缩军费的时期，这种研究也没有中断。

“地震炸弹”方案是在前苏联科学院秘密地进行的。在那里发现了不少有关论述核爆如何设计便可促使地壳构造板块移动，从而引发地震的论文。

论文计划十分具体，认为美国对这种打击抗御力最弱的地区是加利福尼亚，因为它跨越同太平洋板块连接的断层线。这个想法是要在美国造成同任何核爆炸具有同等毁灭能力的地震。其优点是，前苏联不会被看做是战争的发动者，因为作法隐蔽，手段趋于自然，美国要怪也只能怪罪老天，很难找到真正的袭击者。

“地震炸弹”的构想最初是在20世纪60年代提出的。当时，前苏联地震学家注意到，在地下核试验爆炸几天之后，有时会在几百英里外发生地震。于是，科学家们随后在前苏联各地共爆炸了32颗核弹。这一试验数据表明，爆炸的确可引发地震。

军方逐渐认识到地下核冲击波有可能被当作一种武器加以利用。于是马上给予地质科学家慷慨资助，鼓励他们作进一步探求，从而取得更令人鼓舞的成果。

莫斯科地质研究所科学家尼古拉耶夫说，最初的一篇地震资料分析，证明了核试验爆炸同地震之间的联系。在前苏联加盟共和国哈萨克斯坦的塞米巴拉金斯克进行的核试验，使塔吉克斯坦、乌兹别克斯坦，甚至较远的伊朗都发生了地震。

尼古拉耶夫受命研究此项工作多年，他被当局警告说，此项研究异常重要，重要的东西就要保密，要上不告父母，下不告妻子儿女，其所以如此机密，不完全是因为技术，更重要的是，它牵涉到人类的良知、文明和道德底线。

前苏联解体后，没有人再去监督这位绝密课题组组长的言行。研究工作也由此下了一个台阶。尼古拉耶夫说："在塞米巴拉金斯克的一次试验性核爆炸之后，塔吉克斯坦发生地震的概率将上升一两倍。"

尼古拉耶夫在一次与地震同仁的研讨会上公开了研究结果："就连规模很小的地下核爆炸也会在1 600英里（1英里＝1.609千米）外引起强烈地震。一些俄罗斯科学家甚至相信，使亚美尼亚遭到严重破坏的1988年大地震（造成4.5万人死亡）就是由于在此一周前距2 000英里外的一个试验场进行的一次地下试验性核爆炸而加速到来的。"核爆与地震的关系被这位前苏联地震学权威做了如下论述："核爆的后果从来不是立刻出现的。地震有可能在爆炸之后两天、一周或几周之后发生。因此，它是一种可怕的武器，但不是一种精确的武器。"

谈起前苏联对地震炸弹的兴趣，前苏联某加盟共和国的一个地质研究所的副所长科里英夫认为："地震课题经费在某些时候，申请起来比其他军事项目来得更容易、下发更快。当时科学院其他所的同事非常羡慕我，称我为'绿灯'所长。我们曾于1989年申请过一大笔外汇，通常情况下，这需要层层请示、层层研究、层层审批，越往高层搁置时间越长。然而，这次外汇申请，却几乎是一夜之间就完成的事，快得令人惊讶。当我拿到最高当局的批复时，甚至怀疑这是否是在做梦。其实是真的，原因是军方早

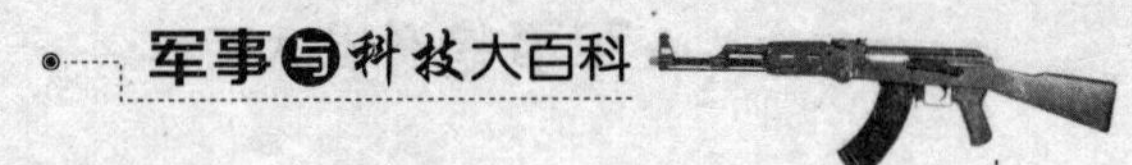

已在暗中与有关部门打了招呼，做了疏通工作。”

现在普遍认为，前苏联对地震炸弹做了大量探索工作，做了不少试验。地震确实可通过核爆引发，但地震具有不可确定性。不准确不等于说不能，如果工作做得理想，研究进一步深入，不但可以在可能发生地震的地方诱发地震，而且还可在不大可能发生任何地震的地方引发地震。

现在，前苏联已不复存在，冷战也已结束，但大国之间的较量没有停止。美国、俄罗斯是否仍在继续地震炸弹的研究，或者为了人道和正义已将所有这些研究与核试验材料一起尘封，人们不得而知。

噪声武器与马赛悲剧

在我们日常生活中，时刻都有各种各样的声音伴随。所谓声音，就是由物体振动而发生的波通过听觉所产生的印象或效果。声音是能被听觉，如人耳感觉到的，但物体振动的声波则不一定都能被听觉感觉到。

人们每日听到的声音，不是令人快感的乐音，就是令人厌烦的噪声，也有平时的说话、聊天声。

正因为噪声有“让人讨厌”的作用，因此也被军事家用于作战。这里叙述的就是一个噪声参加战斗，来打击敌人的故事。

第二次世界大战后期，德军在苏军强大的反击之下，已成陷人绝境的困兽，苏军开始投入德国本土作战，解放德军老巢柏林指日可待。

但法西斯是不甘心失败的。一支德军部队为了迟滞苏军的进攻，凭借有利地形和坚固的设防负隅顽抗。在一个三角地带，苏军的攻击部队受阻，一而再，再而三地进攻受挫，指挥员心急如火。而苏军部队附近的航空兵机场，停降的又都是空战所用的歼击机，指挥官们一次又一次地喃喃自语说，要是将这些歼击机换成轰炸机该有多好！当时的歼击机并不具备很好地袭击地面目标的技术。

就在这位指挥官身边，有一位名叫什维尔科夫的上尉作战参谋。他参战前刚从大学毕业，在物理学中的声学专业领域有较深的造诣。德军的进犯使他进声学研究所的梦想破灭了，他响应了保家卫国的号召，投笔从戎到了部队。司令官的话语触动了他，使他突发奇想："尖声怪调，令人厌恶。噪声既然能给人们的生理和情绪带来重大影响，甚至产生恐惧。在这艰难时刻，何不让某种噪声，助我军一臂之力?"他于是大胆地向指挥官提出了一个配合进攻作战，异想天开的行动设想。

指挥官也是一个头脑灵活的人，在此严峻时刻毅然决然地采纳了他的建议，制订了一个噪声参战的完整计划。

第二天上午，天气格外晴朗，万里无云。几架歼击机加足燃料，受命起飞，它们的任务就是在德军阵地上低空盘旋，穿梭和俯冲，要求驾驶员只要躲开敌人轻武器射击，尽可能地反复进入目标上空。当飞机起飞后，部队按照命令立即进入出发地域，随时准备向德军发起冲锋。

作战开始，一个奇怪的现象出现了：随着歼击机反复穿梭和俯冲，尖厉的呼啸声和震耳欲聋的马达声响成一片。德军官兵被这突然声响吓得惊恐万状，有的人竟然哭叫起来，有的堵着耳朵撤出前沿掩体，指挥官惊慌失措，莫名其妙不知如何处置，通信兵不停地大声呼叫。飞机根本未遇到地面火器射击，因而俯冲更加频繁，德军阵地一片狼藉。苏军则很快前进，突破了德军防线。官兵齐声喊"乌拉"，说这是噪声带来的奇迹，并把什维尔科夫上尉抬了起来，祝贺他的方案成功地击败了法西斯德军。

听到的噪声对人有着极大影响，而听觉感觉不到的次声，对人影响更大。世界还发生了不少与次声有关的故事。其中马赛悲剧最让人震惊。

1968 年 4 月初，法国最古老的城市马赛繁华的街道上人来人往。城里工人、水手和商人们穿着初春的新衣，准备迎接一个新的贸易活动的到来。城外，农民们正在田间忙碌着，进行除草、施肥，园丁们正在给果树喷洒药剂。

4 月 6 日，中午时分，教堂的钟声刚刚敲过，老约翰一家老小 20 多人，正围坐在一个大大的铺着白桌布的椭圆形餐桌旁，准备享用午餐。

此时，离约翰家不远的田地里，另一家人——汉斯及其家十几口人正有说有笑地忙着把最后一小块土地整完。

突然，好像有一丝微风吹过，又像有一股“邪气”袭来，老约翰一头栽倒在餐桌旁，紧接着他的老伴、女儿、孙子等都像“多米诺”骨牌一样，一个个倒了下去。他们的脸色先是铁青，然后又变成了红紫，几分钟的工夫便都停止了呼吸，20 多人无一幸免地先后死去，而在地里劳动的汉斯一家也东倒西歪地躺在地上，无法动弹。一切都来得太突然，又太怪异了。谁也不知发生了什么事。

突然，远处传来了警车声，过了一会儿便有 10 多辆汽车闪着红灯，响着警笛来到现场。警车上下来的人没有穿警服，看来都是便衣工作人员。他们匆匆忙忙地把老约翰一家和汉斯一家抬进了一辆大型货车车厢中，刚一装载完毕，就马上启动，迅速离开，全部时间不过 20 来分钟。整个过程表明他们既胸有成竹，又十分诡秘。他们既不需要任何问询和帮助，也不愿和任何人多说一句话。

没过多久，一条新闻登在当地报上显著位置，警察局档案室新登记了一份特别记录，这个记录详细报告了 4 月 6 日事件的经过，而事件的起因和悲剧的制造者没有指明。但最终，人们还是通过某些不愿意透露身份姓名的人了解到一些内幕情况。

原来，法国马赛早已建立了一个神秘的次声研究所，这个研究所的人员很少外出，更与附近的市民不相往来，几乎断绝了与外界的一切接触。然而正是这个研究所从事着一种可怕的武器，即次声武器的研究。也正是次声武器的事故酿造了这场包括一名武器研制者与约翰和汉斯两家人近40人死于非命的悲剧。事实是：一个工作人员玩忽职守，擅自提前下班离岗，违反了操作次声波发生器的操作规程，致使次声波扩散出去。次声波所到之处，除触及了上述两个家庭外，还伤害了一名工作人员。及至该名失职者突然想起此事急忙采取了有效措施，才使事故没有扩大。由于工作人员失误，不但杀害了几十名无辜生命，而且泄露了次声武器研究所的秘密。让外界知道法国正在进行高技术次声武器的研制，而且次声武器的样机已能定向杀人，只是其频率、波长、功率及有效距离尚不清楚，但无论如何，法国的研究成果对人类生命安全来说，具有很大的威胁。

次声武器也许是21世纪中叶的武器，它虽强大，但也有不少缺点。例如：首先，次声武器的声波不易聚焦成束，且在空旷环境难于形成高强度；其次，次声波波长很长，定向困难。但所有这些缺点都不是不能克服的。所以它仍是未来有威胁力的武器之一。

计算机认识错误酿苦酒

计算机称得上是现代科学技术的指挥中枢，同任何先进的科学技术都不会被军事家放过一样，计算机在军事中的广泛应用已经到了“离不开”的程度。

在导弹、原子弹、卫星和航天飞机上，在坦克、飞机和舰艇上，在指挥中心，模拟试验场所，处处可见大大小小的计算机身影。

可是，这个“家伙”一旦犯起病来，带给人们的灾难也是十分沉重的。

1982年5月，英国和阿根廷为了争夺马尔维纳斯群岛的主权爆发了著名的英阿马岛之战。

马岛之战，是第二次世界大战以来规模最大的现代化海空大战。交战双方围绕着侦察与反侦察，干扰与反干扰，制导与反制导，展开了激烈的电子战。现代化战舰被击沉，高性能战机被击落，密码被破译，通信受干扰，雷达遭摧毁等，无一不是电子对抗的结果。“制电磁权”已经成为先于制海权和制空权的“战场制高点”，成为主宰现代海、空战的“主旋律”。

5 月 4 日，南大西洋的洋面上，英军遇见了一个非常难得的好天气。英军“谢菲尔德”号导弹驱逐舰正以 30 节的速度驶向马岛北部水域。那是它担负警戒任务的地方。在此两天前，阿根廷“贝尔格拉诺将军”号舰被英军击沉。英国特遣舰队每一艘舰船都毫无例外地接收到通报：高度戒备防范阿根廷的报复。现在“谢菲尔德”号的全部武器都处于待击发状态：电子计算机控制的整个防御系统不断发出着等待下一部程序的指令信号。最新电子设备如远程对空警戒雷达、导弹跟踪雷达、舰载反潜鱼雷系统、干扰火箭发射系统都在紧张地工作着。舰对空导弹就像一柄柄利剑刺向天空，“山猫”直升机的发动机时开时停，随时准备升空作战。

上午 11 时，英军旗舰发来通报，马岛海域上空有阿根廷飞机在活动。作为一舰之长的索尔特早已发现了几架刚刚出海的飞机，但他判断那是侦察机。他想，即使是战斗机也不必惊慌失措。阿根廷最新式空对舰导弹是从法国购买来的“飞鱼”导弹，它的最大射程只有 70 千米；而英国的舰空导弹“海标枪”只需 40 秒就可做出反应，速度大大超过敌机和“飞鱼”。

“谢菲尔德”拥有它的严密电子指挥和干扰系统，依靠天衣无缝的计算机控制防御体系，以及导弹和飞机，这些绝对优势让舰长非常自信。

几分钟后，雷达显示飞机消失了，舰长得意地向旗舰报告说“它们溜掉了”。其实，他根本估计错了：雷达所发现的敌机不是侦察机，而是“超级军旗”式喷气战斗机，恰恰就是来攻击“谢菲尔德”驱逐舰的阿根廷战机。阿军飞机消失并非遁去，那是阿根廷飞行员把飞机降到了人们难以想象的高度——距海面只有10米的地方，降低高度的目的正是可以巧妙地以超低空方式接近英军“谢菲尔德”舰，而不会被任何侦察器材发现。如果说舰长的估计还没有错的话，那就是飞机携带的导弹正是法国研制的“飞鱼”。

“飞鱼”是法国为争取20世纪80年代精确制导电子武器优势而研制的一种导弹。它体积小、射程远、命中率高、威力大。其最大特点是雷达反射面小，只有0.1平方米，还装有不受敌方电子干扰的自动定向仪。携带它的“超级军旗”战斗机也装有高性能的电子系统和多用雷达。有关这一切军情，“谢菲尔德”舰的计算机一清二楚，每次对它的询问都能对答如流，且完全正确。

当阿军飞行员估计已经进入“飞鱼”攻击航程之内时，飞机来了个急速回升，以便再次测出攻击“谢菲尔德”舰的所需数据并进行调整，接着又返回到原高度。

尽管战机回升时间很短，只有几秒钟，但是舰上雷达还是发现了它，但并未引起英军足够注意，操作人员反而怀疑起自己的眼睛。就在此时，“超级军旗”的肚皮红光一闪，一枚“飞鱼”呼啸而出，它飞得更低，几乎是在浪尖上飘飞，似一道闪电，直奔“谢菲尔德”号而去。在“谢菲尔德”舰指挥舱里，电子计算机控制的防御系统已然发现海面上飞来的不速之客——“飞鱼”导弹，然而计算机却没有作出任何相应反应，而是听之任之。在过于忠实的电子计算机的头脑里储存着这样的信息：“飞鱼”导弹是法国生产的，英国军舰有一半以上都装备着这种导弹，因此，计算机作出如下可笑的判断：这是英军自己的导弹，它正在按照己方的指令，离舰攻击敌人，不用管它！天大的错误，无可挽回的损失和牺牲就在这种错误判断中酿成了。

短短的160秒钟工夫，“超级军旗”胜利在望，而“谢菲尔德”却大难临头。当索尔特舰长听到空中有异常声音传来时，他惊叫了起来："飞鱼！飞鱼！""全体隐蔽！"这位训练有素的舰长，对武器特别精通，多次参加演习，善于处理各种情况，但在此时，他却只能发布这样一项等待死神来临的命令了。

话音刚落，"飞鱼"便一头栽进"谢菲尔德"舰身上，轰隆一声导弹爆炸，控制舱起火，火焰迅速上升，向上蔓延，使舰上的动力、电力和消防系统全部破坏。尽管索尔德舰长率全体官兵与大火搏斗了 5 个小时，直到最后弄清了这个毁灭性打击的结局无可挽回时，才下令弃舰。

"谢菲尔德"沉没了，当然它的沉没还有多种原因，其中计算机认敌为友，不能说不是一项判断性的错误，导致了驱逐舰束手待毙的悲剧。

在此之后，英军广泛采取了电子干扰措施，并加强了对阿根廷军队的干扰。相比之下，由于阿根廷军队中电子对抗的器材较少，因此，最终遭到了失败。

说说臭氧武器

在人们生存的自然界中，存在着大量的臭氧，这是人类栖息环境中不可缺少的东西。臭氧，其化学分子式为 O_3，无色气体，有特殊臭味。随着科学技术不断进步，工业高速发展，人类生存环境面临着一种危险。有些物质财富的增加竟是"以破坏环境为代价，甚至直接以破坏臭氧量为代价取得的成果"。因此，近年来，科学家奔走呼号，强烈要求国际社会对臭氧、臭氧层进行关注，停止工业对臭氧的威胁，保护人类健康和安全。

O_3 表明每个臭氧分子由 3 个氧原子组成，是大家熟悉的氧元素的同素异形体，它比 O_2 活泼，因此有良好的杀菌作用。一直被人们当做氧化剂和消毒剂使用。

自然界中的臭氧，绝大部分分布在大气同温层中，特别是距地面 20～40 千米处的高空较多。而且距离地面 25 千米处的大气圈中有一薄薄的臭氧层，正是这层臭氧的存在，才保护着人类及其他生物不受损害，因为它几乎吸收了太阳光中全部有害的紫外线，使紫外线不能随意到达地面。臭氧被破坏，指的就是这一臭氧层的破坏，专家们呼吁的也是保护这一珍贵的臭氧层。在地面附近，也有少量的臭氧存在，其浓度很低，只有亿分之一到亿分之五。即使臭氧量很少，但也起到了保持空气新鲜的作用，对人类和地球上的动植物都有好处。

臭氧本是大自然之中的气体，怎么会成为武器呢？这就要和臭氧本身具有的特点联系起来。

原来大气中的臭氧是按一定的模式分布的，高层大气中的臭氧不能少，少了难以抵挡阳光中可怕的紫外线，会造成人和生物的危害；而距地球表面较近，与人经常接触的大气层中的臭氧又不能过多，过多也会给人带来健康上的伤害。这样就为军事科学家们提供了使臭氧这个物质变成武器的条件。所谓臭氧武器就是用人为的手段，改变人们赖以生存的大气情况，破坏整个大气层中臭氧的平衡，使高空大气层中的臭氧减少，降低吸收紫外线的能力，以致部分紫外线肆虐人类；或使低层大气中的臭氧增加，超过原来含量的几倍，从而达到直接危害人类，伤害生物，搅乱气候和环境的目的。

这种武器虽然具有很大的杀伤性和攻击力，但一旦应用，后果和影响将是长期存在而又严重的。因此，臭氧武器只是进入了科学家们的实验室里，还没有应用到战场上。

高技术战争与伤亡减少兼顾

一提起战争，人们自然会联想到枪林弹雨血肉横飞，射击声、呼喊声与炸弹的呼啸声交织在一起，断壁残垣，尸横遍野，人类陷入巨大的灾难之中。即使在科学不发达的古代，惨烈的战争也会造成征人无回、赤地千里的悲惨景象，何况在威力空前的现代兵器出现的今天，战争将给人类造成更大的灾难。第二次世界大战中，有数千万人死亡，包括日本的广岛、长崎在内的众多繁华的城市成了一片废墟。

地球上若是某一天再次爆发世界大战，新技术、高技术武器尽数投入，就可能毁灭地球上的全人类。因此，人类在思考，未来的高技术战争能否创造出高的起点？战争是否一定要杀死很多人才行？能否兵不血刃地不战而胜呢？

因此，人们酝酿出一种新思维：与其用大量武器弹药来对付士兵，不如用少量弹药集中破坏首脑机关的人员和设施；与其杀死杀伤敌人不如破坏、毁伤其武器、车辆、装备；与其杀死敌人，不如杀伤敌人。只要达到击败对手的战略目的，战术上以少伤无辜最为重要的。

20 世纪 60 年代，美军曾对越军高炮阵地使用钢珠弹，钢珠弹又称菠萝弹。这种弹药是靠分散药将战斗部弹头内所含众多钢珠分散、发射出去而杀伤敌人的，被击中人员一般致伤、致残而很少致死。实战结果是其作战效益竟然超出了普通爆破弹药。军事人员曾论证说：一次钢珠空袭行动中，只需 2～3 人中弹，就可使几乎全班丧失战斗力。而在一个普通炸弹的空袭行动中，即使炸死 5 人也不可能使全班失去战斗力。因为 5 人炸死，另外几人会迅速埋葬好同伴的尸体，继续投入战斗；而若有 2～3 人受钢珠弹袭击受伤，不但要派几个人去照料、安慰他们，而且钢珠嵌入体内痛苦的嚎叫声会严重影响其他人的战斗士气，使其产生忧虑。班长既不能丢下伤员作战，也不能丢下伤员撤离。这个研究表明后者获得更大的作战效益。人们继而又考虑是否有既不使人致残，而又使其失去战斗力的武器，这就是所谓高技术战争高起点的核心：非致死性战争的又一特点。

海湾战争就是这种武器应用的实验战场。美国一名海军青年军官麦克·马丁上尉首次向国防部提出了一个战争新概念的报告。这位年轻有为、善于思考的海军人员在报告中写道：

“在海湾战争沙漠风暴中，美国的作战行动表明，它已从过去那种滥杀无辜、一律加害的战争模式中走了出来。朝鲜、越南战争中那种目标不清、目的不明的狂轰滥炸作法基本绝迹。在海湾战争中，美国只针对某些选定的目标袭击，而不使无辜群众受害，保留了大量的建筑和公民生命财产。

“过去战争只有一种概念，消灭敌人，杀死对方，认为只有杀死对方才算战胜，这并不科学。作战目的是战胜对方，只要能达到政治目的即可。在未来战争中，只要使敌人无力抵抗、放弃其立场，接受我方立场要求，就不必非将敌人消灭不可。总之，取得一个战争胜利，如同下中国象棋时取胜只要‘将’死对方‘老将’，而不必将车马炮如数吃掉就算胜棋一样，并非要杀死很多人。海湾战争正是如此，伊拉克平民死伤不多，我方牺牲更少，然而萨达姆接受了我方立场，战争取得了胜利。”

美国国防部接受了这一报告，使这一新概念更加完整。非致死性战争就是尽量使用高新技术，减少兵器所带来的毁伤，减少的值越大则越成功。如果一场战争或一个战斗结束，敌人屈服而双方丝毫未受到伤亡和破坏，那就是百分之百的非致死性战争所追求的目标，正如孙子兵法所说：“不战而屈人之兵”。

美国目前正加紧非致死性战争所要求的非致死性武器的研究和开发，这些武器包括使人和物失能两大类。使人失能的武器有化学武器、胶粘武器、心理战武器、致盲武器、次声武器、超声武器等；使物失能的武器有计算机病毒武器、胶粘武器、润滑武器、破坏电站武器、腐蚀汽油、建筑桥梁武器、电子光学器材失灵武器、熄火弹、阻燃弹、烟幕武器、电磁脉冲武器等。

未来的战争是高技术条件下的战争。高技术战争当然要高起点，在 2003 年伊拉克战争和 2008 年的俄格冲突中，这些战术思想得到了应用。因为战争有其自己的规律，它有时也不以人的意志为转移，所以，战争总会带来破坏的。维护和平，反对战争才是上策。

心理战术巧胜敌兵

人们常说21世纪是信息时代、信息社会。也就是说，信息在社会生活和国民经济中起着举足轻重的作用。正因为如此，美国、日本、德国和法国等大国特别关注信息，不仅把它看成是社会进步和经济发展的关键，而且认为它还是未来战争取胜的决定因素之一。美国军界把信息视为战略实力，不断发展信息技术，同时探索作为心理战内容的信息骚扰技术。

1993年2月1日，在索马里摩加迪沙以西约15千米处发生了一起小型沙暴。当时，美军介入索马里内战，战况十分复杂。美国海军陆战队的士兵在这异国他乡看到了一个奇怪的现象：在随风而起的沙暴中，卷到空中的沙土慢慢弥散聚积、渐渐组成了一幅高约150米的肖像。肖像起初只有人的轮廓、慢慢地鼻眼耳嘴都逐渐真切起来。天哪！肖像渐渐显现出耶稣基督救世主的头像形象。又一次耶稣显圣，耶稣又一次降生。美国信徒大都不知不觉地跪了下来，他们边哭泣边祈祷，不少人还道出了积藏心中多年的隐私。片刻之后，头像慢慢隐去。士兵们还沉浸在一片追思与忏悔之中，无心再履行自己职责，电话响了半天没有人接，电脑传真操作人员怔在那里不再工作，岗哨上的士兵将枪放在地上。长官多次训斥之后，大家才振作精神、开始工作，但思想仍旧集中不起来。一个名叫怀特的上等兵，竟然在发送传真电报上，打出不愿再身涉战火，想解甲归田，做一个虔诚的基督徒的誓言，多亏被一名黑人士兵发现，才使这一传真电报没有发出，否则怀特就一定会受到上司的惩处。这一起“耶稣降临”造成了严重的后果。

事后人们才知道，这是美国驻索马里维和部队心理战分队的杰作。他们是在做组成全息图像的试验。

专家认为这种图像将成为某种诱降敌人的“弹药”，它不但能

“击”退敌兵，还可使敌人解除武装。这就是现代科学中的信息骚扰。

信息骚扰分为两种。一种会引起敌人信息的丢失，结果是降低敌人自身活动的效率。例如制造电脑病毒，使敌储存的数据丢失、武器操作失效。如果骚扰对象是人的心理，就会使敌不能正常履行职责。

第二种信息骚扰是采用消极信息，它不仅可导致敌人作出危险的错误决定，像前面出现的情况那样，还会使敌人不知不觉地上了大当，吃了大亏，大大降低作战抵抗能力。

对人的心理施加影响，使敌方士兵斗志衰退，行为沮丧，就是其目的。例如，海湾战争结束后，美国国防科研机构开始研究作用于人心理的新方法。它们计划在空中模拟出伊斯兰教苦难圣徒的全息图像，让这些圣徒从“天上”由精神领袖规劝其子民、教友放下武器，停止抵抗。从这类材料来看，信息时代的心理战，或称信息骚扰，已从过去广播喊话、放气球标语、撒传单等传统方法转向声像技术为主的更先进的手段。电视炸弹利用高新技术，采取全息投影的方法进行，具体一些说，电视炸弹爆裂或装置开始启动，便可以发送出精心设计的各种各样的“信息、消息、真言、圣旨、命令、指示、训导”等等，真真假假，假多于真，但却有诸如战场形势，天气预报文艺节目等若干真实信息掺杂其中，用以扰乱军心。

美国将把这种信息骚扰集中在中东或某些宗教教会国家。因为宗教、教派和民族信仰等的力量往往在战争中有重大的影响力。如果是带有教派在内的民族纷争，那就更显出其巨大精神凝聚力，因而从瓦解这种精神凝聚力入手就会事半功倍。举例说，在有基督徒参战的环境中，如果发送他们救世主耶稣圣像同时，配加上规劝之词，就会收到意想不到的效果。一位军事科学家十分肯定地说，这样的“心理轰击”，其效果远远大于飞机大炮的袭击。

当然，除了开头所述索马里的信息模拟之外，战场上还会有很多设计，只不过这也是军事机密，因为某些“信息”、“故事”，如果一旦提前泄露曝光，就会大大失去了原有的魔力，从而影响其作战效果，那将是十分危险的。

花样繁多的软杀伤武器

现今战场上，物理弹药品种繁多，千奇百怪。由于这些弹药尚属于发展时期，各种名称很难标准化。所谓物理弹药，其概念也是相当模糊，普通枪炮算不算物理弹药，原子弹算不算物理弹药，很难说清。本文中的物理弹药显然指的不是这些，而是特指那些基于老的物理常识概念，而新开发研制出来的现代化高科技武器。

新的物理弹药没有什么高深技术，几乎每个人，甚至几百年上千年前的人都曾想到过，但却没有真正实现过。因为过去的战争，主要讲大破坏，大歼灭，甚至大伤亡，消灭敌人越多越好（不管是否是从肉体上消灭），武器威力越大越好，原子弹当量越高越好，炸弹爆炸半径越大越好。而现在，军事家和政治家们考虑的内容有些变化，这就使人们的作战样式，作战武器也相应带来变化。

物理弹药中，如润滑剂弹药，就是根据车辆运动必须有摩擦力才行的道理，实施反向思维而设想出来的。润滑弹药即在车辆赖以运动的地面，甚至轨道上撒上研磨得极细微的润滑剂粉末，使车辆在上面无法行走。这种润滑剂极大地降低了摩擦系数。最可怕的是将其撒放在交通枢纽、重要的车站，从而使车辆脱轨颠覆，使作战用兵、后勤辎重造成困难，从而为使用一方带来作战效益。这种弹药不但可阻挠敌方的铁路、公路运输，还可因将其施放于机场的跑道上、舰船的甲板上而使敌方的飞机起飞、着陆时发生困难。

另一种物理弹药与润滑相反，而是加大摩擦，形成粘胶。粘住车辆或人员的粘胶分成两种：一种是超级胶；另一种是胶粘泡沫。

超级胶的研制本是出于保护某些机要重地房舍和仓库的。当某个房间或库房，或是存放绝密资料，或是存放机密器材、军火，例如核武器库。当这样的房间不准无关人员擅自闯入时，便可在其四周布置自动的喷嘴，一旦有人闯入，便从喷嘴喷出超级胶，使地面迅速布满这种极粘的物质。人员一旦接触，便被粘在上面无法脱身，例如脚踩在上面，就会将鞋子牢牢粘住，使人寸步难行，即使脱掉鞋子，脚也会粘在上面无法行动，从而只能束手待擒。据称，美国一些核武库就使用了这种装置，以防歹徒窃取。新的超级胶还可用专门器材向机场跑道、轮船甲板、公路、铁路等路面上喷洒，使在其上面运动的物体无法活动，造成交通瘫痪。

胶粘泡沫则是另一类型，其化学物质具有快速干燥的特性。也就是说，当此种化学物质从喷枪喷出后，便可迅速固化。美国圣地亚国家研究所曾作过一次试验。当时，不少参观者蜂拥而至，不相信这一武器能有什么特性。试验在一大厅内进行，一个1.8米的男性模特立于大厅中央，射击者距其十几米远，当射手将1升液状物质喷向模特后，模特全身立刻糊满塑料条一样的东西，这些东西胡乱地将模特手脚以及身体缠住，甚至他脖子上也有不少。模特此时好像被几条大蟒围着，使其手足完全处于失能状态一动不动。倘若射击目标是人，则此人只能五官还可以听看事物，可以呼吸，肢体已经不能方便地做任何事情。自己也休想将这些软的“枷锁”去掉，只能等待专人采取专门的方法，将此物弄断、溶解方能解除束缚。

目前，这种装置已演变、发展成为新式武器，其形状类似普通冲锋枪。武器目前射程较短，军方希望在不久的将来，能改善投放手段，使这种胶粘泡沫及其装置能对千米以上的目标起到作用。据说，此种武器，即便是目前近距离上使用，也已在索马里等地区产生了震慑作用，受到维和部队的欢迎。但却遭到索马里人的强烈反对，他们曾说，美军如使用这些缺德武器，他们便进行更激烈的抗争。

所有这些属非致死性武器的新装备都还处于探试阶段，尽管有些已投入战场，但仍然不很成熟。也就是说，仍旧存在某些问题。例如泡沫粘胶大量使用后，如何迅速解除，至少使被命中者能够生活自理（若在战场上，为了人道主义起见，还要有人照料这些比被捆绑者行动还要困难的人员，给其饮食等）。

至于超级胶的使用，应用后如何使民间车辆不至于受阻，如何清除这些黏性物质也是一个问题。据有关报道，美国可能已有了使自己不被粘住的办法，但具体方法则秘而不宣。

物理弹药还有很多种，最近又发明了一种名为斗士网或渔网弹的东西。它用枪支射击出去，面临目标弹头爆裂，放出一张涂满粘胶的丝网，将目标（人员 1～10 人）网住，令使其无法行动，就像港台电影中撒网活捉敌人那样。被困人员也只有束手就擒。其他还有豆苞弹、太妃糖枪，等等。这些新式弹药的出现，给战争的指挥员、维和部队的司令官乃至国内的治安、武警更多对付对手的手段，使他们能根据各种形势，采取相应有利的方法，来达到行动的目的。

第五章 太空武器与未来战争

“星球大战”计划与现实

在 20 世纪 80～90 年代，有人曾作出这样的预言：20 世纪末的一天清晨，美国的导弹预警卫星发现前苏联瞄准美国的 1 000 枚洲际导弹正在点火起飞。战略防御司令部立即启动天上的、地上的激光和粒子束等武器，一道道粒子束和反射镜折射的激光束射向刚要离开发射台的苏军导弹。结果，有 900 枚导弹没有能够离开发射台就爆炸了。但是，另 100 枚导弹迅速起飞上升。于是，美国又进行第二轮反击，又将其中的 90 枚导弹摧毁。剩下的 10 枚导弹进入自由飞行段。这时，运送弹头的火箭发动机已经熄火，火箭壳体已经抛掉，美国使用最先进的跟踪设备死死地盯住了变小了的 10 枚导弹。很快，这些导弹就释放出子弹头和假目标，10 枚导弹即刻变成 100 多枚小导弹，混杂在大量的假目标中，迅速地向美国本土飞来。于是，美国的电磁轨道炮、灵巧导弹也参战，与激光武器、粒子束武器一起，在真假目标识别器的指引下，拦截进攻的小导弹。太空中一道道闪光夹杂着噼噼啪啪的碰撞声。结果，大部分真弹头被摧毁了。但是，还剩下 10 枚弹头，迅速冲进大气层，扑向各自选定的目标，形势十分紧急。这时，美国除了天上的定向能武器和动能武器继续拦截外，又从地面上和飞机上发射了大量的反导弹武器。非常幸运，又将 9 枚弹头摧毁了，只有一枚落向地面，击中一个不是很重要的目标。经过 30 分钟的紧张战斗，使美国免受一场核劫难。可一些美国人这时还在睡大觉呢！而美国总统却在与高级助手们紧急磋商，如何向前苏联发射导弹来报复对手。

这是 20 世纪 80 年代初美国总统里根对防御前苏联导弹核武器进攻的设想，叫做“战略防御创新”计划。由于是要在太空打仗，所以被人们形象地称之为“星球大战”计划。美国为了搞“星球大战”计划，在全国动用的科技力量，比制造原子弹和进行阿波罗登月时还多。原计划 20 世纪 90 年代中期开始第一阶段部署，21 世纪初部署完成，所花的钱估计要以千亿计算。里根的目的是想要撑起一把大大的保护伞，使前苏联的核弹在落到美国国土上以前就被消灭掉。用里根的话说，是要“使（前苏联的）核武器不起作用”。

导弹核武器是一种不可防御的“终极武器”，美国为什么还要搞这个防御计划呢？

美国第 40 任总统—罗纳德·威尔逊·里根

“终极武器”根本不存在。随着科学技术的进步，导弹核武器也是可以防御的。那么，如何摧毁进攻中的导弹呢？

导弹的最大弱点是它的点火起飞和向上爬升阶段，因为这时导弹喷射明亮的热焰，最容易被发现；导弹在稠密的大气层中加速上升，经受巨大的过载，受攻击时最容易损坏；运载火箭还没有脱落，目标大；还没有释放出子弹头，要打击的目标少。因此，点火和助推飞行段是攻击导弹的最佳时机。但是，这个阶段一般只有 3～4 分钟时间，怎么来得及进行攻击呢？“星球大战”计划设想的办法是，在太空中部署许多预警和跟踪识别卫星，不间断地监视地面的动向，同时部署许多战斗站，一旦发现前苏联的导弹点火，就立即进行攻击。

美国设想用于“星球大战”计划的主要武器有两类：一是激光和粒子束等，由于它们是将能量高度集中射向目标，所以又叫定向能武器。激光束、粒子束是以光速前进的，所以很容易抓住导弹目标。它们虽然不能完全摧毁导弹，但能把导弹烧穿或破坏导弹的电子设备等。另一类是灵巧导弹、电磁轨道炮和“智能卵石”等，由于它们靠高速飞行产生的巨大动能击毁导弹，所以叫动能武器。灵巧导弹等的速度可达到每秒钟 26 千米，比导弹的速度快 3～4 倍，所以它能很快追上并击中导弹。以这样高速飞行的塑料丸，也能穿透 2～3 厘米厚的钢板，所以动能武器很容易把导弹摧毁。

里根为什么会想出这样的“战略防御创新”计划来呢?

这些都是时代和科技发展的产物，不是里根脑子里想出来的。不同时代，不同的科技水平，有不同的军事防御战略。

在使用大刀、弓箭等武器的封建时代，在边境上驻扎军队，开田种地，长期驻守（这叫屯田守边）和修万里长城，拒敌于国门之外，这是当时最好最有效的防御战略。

有了飞机、大炮以后，屯田守边和万里长城不怎么管用了，于是又出现了挖掩体、修地道、打游击等防御战略，以保存自己，消灭敌人。

有了洲际导弹，而暂时又没有找到制服洲际导弹的方法时，进攻就成了最有效的防御战略，所以在 20 世纪 70～80 年代前苏联和美国搞裁军谈判，越谈进攻的核导弹越多。因为有一条原则叫“确保互相摧毁”。就是说，各方都拥有保证能摧毁对方的能力。认为有了这种“均势”以后，谁也就不敢轻易地挑起战争。人们把这称为“恐怖的和平”。这条原则说白一点就是：只要打起来，反正谁也活不了，索性大家一起死。

后来核导弹也是可以防御的了，当然就会有人不满足于同归于尽的结局。于是就有了里根的“战略防御创新”计划。这个想法的实质是，如果能使你的核导弹没能发挥作用，等你的核导弹打光了，我的核导弹还没有使用。这时，我有充分的理由来个“后发制人”，向你发射大量的核导弹，也许就会“你死我活”了。这样一来，战略防御成了最好的战略进攻。

当然，这只是美国人一厢情愿的想法。前苏联可以采取许多反“星球大战”计划的措施。如在轨道上布放大量的太空雷，使美国的预警卫星、跟踪识别卫星、发射粒子束、激光、轨道炮、灵巧导弹、智能卵石的太空战斗站、激光反射镜以及通信指挥站等触雷爆炸。或同样用定向能武器、动能武器和反卫星卫星将上述太空军事设施摧毁。这些都是针锋相对的积极措施，还有比较省钱的消极措施。如缩短导弹的点火起飞时间，提高导弹的飞行速度，使导弹更难被发现和拦截；增加导弹和弹头的数量，使你防不胜防；施放大量逼真的假目标，使你真假难辨；实施干扰，使你无法识别、跟踪和通信指挥失灵，等等。虽然这些措施也是可以对付的，但是需要花更多的时间和金钱，需要研制更先进的设备。

星球大战，人们把它叫做“天战”，它是继陆战、海战、空战、电子战之后的第五维战场，是人类战争史上的又一个新的阶段。“星球大战”计划是美苏争霸时代太空军事竞争的产物，并刺激了太空军事竞争升级。所以它一出笼，就在美国国内和全世界引起强烈的反响和激烈争论。许多人，其中包括大批科学家反对“星球大战”计划。随着前苏联的解体，“星球大战”计划的防御目标有所改变，重点用来保护美国本土、海外军事基地和盟国免受来自敌对国家数量较大的战略、战术导弹的局部攻击。

短期内，“星球大战”不会发生，但“星球大战”计划带给人们的影响将长期存在。

天战杀手——太空武器

太空武器主要包括：

1. 激光武器

由于激光具有高热效应，于是便引发了人类用激光作武器的设想。激光产生的高温能熔化掉所有的金属。同时激光以直线射出，其光速每秒钟 30 万千米，既没有弯曲的弹池，也可以完全忽略延时，因此不需要提前量，简直可以指哪打哪。另外，激光武器没有后坐力，可以即刻转移打击目标，无论单发、多发或连续射击都可以进行。激光武器的本质就是利用光束输送巨大的能量，与目标的材料相互作用，产生程度不同的杀伤破坏效应，如烧蚀效应、激波效应、辐射效应等。正是有着这几项神奇的本领，激光武器便大受欢迎。

2. 粒子束武器

它是利用粒子加速器原理制造出的一种新概念武器。带电粒子进入加速器后，就会在强大的电场力的作用下开始加速，加速到一定的速度，这时粒子就会作为集束发射出去，产生巨大无比的杀伤力。粒子束武器发射出的高能粒子前进的速度几乎接近光速，当用之来拦截各种航天器时，能在极短的时间内命中目标，射击提前量几乎不计。粒子束武器将巨大的能量以狭窄的束流形式高度集中到一小块面积上，是一种对点状目标进行杀伤的武器，其高能粒子和目标材料的分子发生猛烈碰撞，产生高温和热应力，可使目标材料熔化、损坏。

3. 微波武器

由能源系统、高功率微波系统和发射天线组成的微波武器，主要是利用定向辐射的高功率微波波束达到杀伤破坏目标的目的。微波波束武器具有全天候作战能力，有效作用距离较远，可杀伤目标范围大。特别是微波波束武器完全有可能与雷达兼容，形成

一体化系统，对目标先进行探测、跟踪，最大程度地提高杀伤目标的成功率，达到最佳作战效能。它既能进行全面毁伤、横扫敌方电子设备，又能实施精确打击、直击敌方信息中枢。可以说，微波武器是现代电子战、电磁战、信息战不可替代的基本武器。

4．动能武器

动能武器的原理极其简单明了，说白了，它发生杀伤的道理与飞镖伤人完全一样。一切物体在运动时都具有动能。根据动力学原理，一个物体只要有一定的质量和足够大的运动速度，就具有相当的动能，那么其杀伤破坏能力就可以让人吃惊，就这个物体而言，人们便可称其是一件动能武器。所谓动能武器，就是能发射出超高速运动的弹头，利用弹头的巨大动能，在直接碰撞的过程中摧毁目标的武器。这里最特殊的一点是动能武器是靠自身巨大的动能，在与目标短暂而剧烈的碰撞中去摧毁目标，而不是靠爆炸、辐射等其他物理和化学能量杀伤目标。所以，它是一种完全不同于常规弹头或核弹头的全新概念的新式武器。

1985 年，美国人还试验了另一种用于直接打击敌方航天器的火箭，并于当年 9 月 13 日发射升空，将一颗已使用多年研究太阳的卫星彻底击毁，试验取得了成功。

除了那些被称为“动能型”的太空武器外，还有一种是由高能射束构成的武器。它们包括激光反卫星武器、带电粒子束武器等。它利用高强度的光、电、磁射束，使敌方卫星致盲、致聋、致哑，从而丧失一切有用的功能。据悉，这种武器在中、美、俄等国已经研制成功了。

电磁脉冲武器

科学家时常会做出某种预见，预测出某种事物的一些规律，而这些预见和预测由于往往超前，因此，很难为当时的人们接受。

科学家则会因此得不到世俗的理解，甚或受到不公正的待遇。

早在 1945 年 7 月 16 日，当美国进行首次原子爆炸试验时，意大利著名物理学家费米就曾预言，巨大的核爆会产生电磁脉冲。当时，人们觉得这是一句奇怪的话，甚至不知道什么是电磁脉冲。这是完全可以理解的，因为当时人们对核爆的冲击波、光辐射、早期核辐射和放射性沾染这四种效应还未完全认识，何谈第五种电磁脉冲呢？

当然，时间会证明一切，实践会检验一切。

1963 年 7 月 9 日，美国在太平洋上的约翰斯顿岛上空 400 千米处进行了一次当量为 140 万吨的空爆核试验。该岛水域盛产海星，而海星的生命力极强，它呈五角星状，当其身体被割成几块时，不但不会死去反而会变成几个新的海星生命。当局为了对这次试验保密，就将此试验取海星这种象征生命力旺盛的水产动物的名称作为代号。

“海星”试验开始。随着巨大的闪光，白热的火球出现，引起了大风。爆心虽然距水面、地面 400 千米之遥，但也引起了下面空气的剧烈流动，海浪起伏，声波四处回荡。岛上的各种参试项目顺利工作：观测仪、放射性尘埃收集器、水面采样器，各个建筑物上的报警器也在正常地工作。一些地域的地下工事空气过滤系统轰鸣着，人们忙碌着，一切都按预定方案进行，现在看来试验顺利实施。

然而谁也没想到，此时，相距约翰斯顿岛 1 400 千米的檀香山却一片混乱，公安机关不断接到电话，所有电话几乎都是同一内容：防盗报警器自动报警，请速来人侦察破案。警察在一片电话铃之后，选择了一个近处住宅去查看，那里一切如故，丝毫未发现疑点，可报警器还在响个不停。与此同时，不少街上的路灯熄灭了，一些动力设备上的继电器一个个被烧坏……是有黑社会集团破坏城市吗？但他们没有发现任何蛛丝马迹。市民电话打到了华盛顿五角大楼，才有了不敢肯定的答案：这些情况是否是受了“海星”试验的干扰。

其实，这正是“海星”试验中，核爆产生的强大电磁脉冲作怪的结果。困扰人们数日的疑问终于有了答案。当然，普通的人，不搞科学的人是不会将此与意大利物理学家费米的预言相联系的。巨大的核爆会产生电磁脉冲，它会使一些电子设备的工作系统遭到破坏或干扰，这一理论已被实践证实。

由于电磁脉冲有其固有的特点，所以受到美国国防部的重视。军方称它只破坏对方电子设备、武器电子设施而不杀害人员，也就是说，核电磁脉冲是核爆中唯一不伤人的效应，完全可用于非致死性战争战略计划之中。

电磁脉冲武器具有如下的特点：

1. 作用范围广

当核武器进行地下爆炸或低空爆炸时，其作用范围有限，但当进行超高空大当量的爆炸时，其作用和影响力就非常巨大。如百万吨级核武器在几百千米高空爆炸时，其作用半径就可达 1 000 多千米。假如在美国本土中心上空 300 千米处爆炸一颗百万吨级核弹时，其影响可囊括整个美国本土，甚至涉及加拿大和墨西哥。外国军方就此曾提出，在进行首次核突击时，应先实施大当量超高空核爆，以使对方的通信指挥系统和雷达系统处于失灵或瘫痪状态，使这些“千里眼”、“顺风耳”成为瞎子和聋子。果真如此，那么现代化战争条件下，军队便无法行动。

2. 电场强度高

核电磁脉冲的电场强度与爆炸当量、爆炸高度及距爆心的远近有关。在距爆心几千米范围内，电场强度可达每米几千伏到几万伏，并以光速自爆心向四处传播。它的作用随着爆炸高度的增加而扩大，又随着距离而减弱。

3. 频率范围宽

核电磁脉冲的频率分布在极低频到特高频的广阔范围，它占了几乎所有民用、军用的电气、电子设备所使用的大部分工作频

电磁脉冲弹

段，因此一旦发生，便会对人们的生产生活构成广泛的影响。

4. 作用时间短

电磁脉冲虽然作用范围广、场强高、频谱宽，但作用时间却很短暂，一般只有几十微秒，总持续时间不大于1秒。

电场脉冲武器虽然有其特别厉害的方面，但也有其有利的一面：不伤人，且作用时间短。多次试验表明，即使处于电场强度每米几万伏的作用范围内的动物也不会受到伤害。美国还曾用强大的模拟核电磁脉冲对猴子和小狗做了大量试验，也都未发现伤害。它的破坏作用只限于“物”。即使是“物”，也不曾影响武器、服装、粮食、房屋等的功能，只对带“电”物体有干扰和破坏作用，所以它确实可以成为非致死性战争之选用武器。当然，人们也会找出种种对付核电磁脉冲的方法来对其进行防护。

太空细胞战争

随着人类越来越频繁地进入太空，各种太空武器也发展迅速，但驾驶这些太空飞行器上天的宇航员，却要面对一场太空细胞战争。

人类同其他动物一样，由于日常的饮食活动、呼吸等行为，不免接触到各种病毒、细菌。人们的体内，就充满了各种各样的入侵者：细菌、病毒、原生动物。这些入侵的微生物大部分都栖息在人们的肺、肝等内脏里，它们多半是通过人们摄入的食物或通过呼吸进入人体内。在通常情况下，这些入侵者并不会对人类健康产生很大的危害，甚至一些侵入人们体内的细菌对于人们的身体是有益的。面对这些入侵者，人体也不是束手无策。那些对人体不利的“不速之客”，会时刻处于警觉的人体免疫系统的监控之下。人体的免疫系统一般能在病原体发展到失控之前，识别并消灭它们。没有免疫系统，人类将轻易就被击倒。

在地球上，人们每天惯常的生活可能是：每天清晨，当你一觉醒来时，你可能是边打着哈欠边关掉闹钟，同时耳中还响着微波炉热牛奶时运转的声音，这是人们司空见惯的。

然而，到了宇宙空间，人们的免疫系统的功能将不再正常工作。人体免疫系统主要由能对抗疾病的细胞组成，这些细胞能周游全身，在这些细胞中最重要的两种细胞是：B 细胞和 T 细胞。B 细胞能产生抗体——一种特殊蛋白质，能锁定细菌或其他入侵病原体，它们能对入侵人体有待消灭的对象作标记。而 T 细胞则是免疫系统的“战士”，它们的任务就围剿并歼灭病菌。

而在太空，这些免疫细胞就发生了混乱。以 T 细胞为例，到了宇宙空间后，T 细胞不能正常繁殖，致使人体内 T 细胞的数量不能保证正常的数量。此外，它们也无法像在地面上那样在人体内正常移动，由此降低了相互传递信息的效率。总而言之，T 细胞攻击入侵病菌的能力明显减弱。这也许是宇航员身处宇宙空间时，为什么其唾液中的病毒含量要比呆在地面时高的原因。

医生们原先就知道，在地面上精神压力能抑制免疫系统发挥作用。这是因为人在精神紧张时，体内就会分泌一种激素，而使 T 细胞的工作方式受到影响。与之相仿，太空飞行所造成的宇航员独特生理和心理压力，也可能使人体分泌一种激素，而改变免疫系统的功能。另一种可能是，太空飞行本身的某种因素，例如失重，也可能直接影响免疫系统的功能，这就与前面所说的激素毫不相干了。

为破解这一秘密，研究人员使用了美国航空航天局开发的“旋转生物反应器”技术，该装置能在地面创造一种类似太空的微重力环境。

应用生物反应器，研究人员可以将免疫细胞从人体激素的控制下分离出来，这样研究人员能对单个免疫细胞在微重力环境的影响进行单独观察。结果证明，在生物反应器里，免疫细胞在头 15 分钟内就开始发生明显的变化，而且，这种最初的改变，还可能引发其后的一系列变化，这就使得 T 细胞似乎被迫保持圆形。

这是一项重要的变化。在地球上 T 细胞的外形是可以改变的，它们能突出其自身的某些部分，凭借这种能力，如同变形虫一样游荡在人体内的每个角落。而且，正是这种运动能力促使 T 细胞履行了自己的职责：奔赴身体感染发炎的部位或肿瘤所在之处，去围歼消灭病毒或有害细菌。它们出入于免疫系统各个器官，如阑尾和扁桃腺间，并在那里与其他 T 细胞交流入侵病原体的有关信息。

但如果 T 细胞成为浑圆的形状，其运动能力似乎就受到了妨碍。这一简单的变化，还使 T 细胞彼此间无法顺利地保持“通信联络”。这是因为圆形细胞相互间的接触困难，减弱了相互作用的能力，这就犹如将两只椭圆的气球并排放在一起并用力挤压一样，它们彼此接触的面积必定相当大；可是如果将两只保龄球放在一块，无论如何用力将它们挤压在一块，它们的实际接触面积总是很小的一部分。这样，细胞交换化学信息的能力就减弱了很多，而这些化学信息正是指挥免疫细胞采取行动的“军令”。

这些新的发现，对太空旅游者的健康将会有重大影响，只是尚不十分清楚。但对宇航员的研究发现，在太空中，其体内病毒的含量确实增多了。例如，当宇航员咳嗽或打喷嚏时，从口腔喷出的飞沫中 EB 病毒（一种常见病毒，会引发传染性的单核白细胞增多症）含量，就比在地面上打喷嚏时高出 8～10 倍。尽管这是人体免疫系统在太空受到抑制的一个表现，但到目前为止，在太空呆过的宇航员们回到地球后并没有因免疫系统能力减弱而出

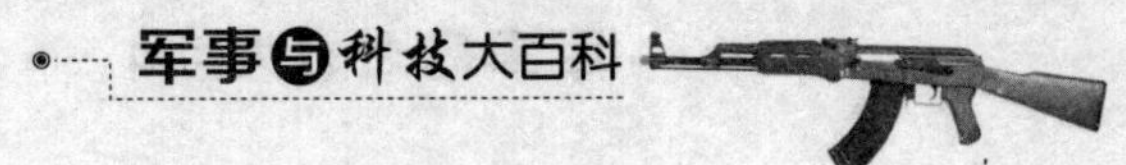

现任何明显的不良症状。

究竟是什么原因使T细胞在太空变成了圆圆的形状，目前还无定论。美国科学家佩里解释道，没有了通常的重力影响，可能其他的力量——或许是分子间的相互作用力或亚分子间的相互作用力，也或许是氢原子键的作用力，在微重力环境下发挥了重大作用，决定了细胞的外在形态。“但迄今为止，没有任何人能确切地明示，是何种力量施加于何种对象之上，以及是在何处并以何种方式发挥它的作用，最终导致免疫细胞在宇宙空间发生这种浑圆的形变。”

如果我们能把这一点搞清，意义将十分重大，不仅对宇航员，对地球上人类的健康也将有所帮助。

T细胞能保护人类免遭各种疾病的侵害，但它有时候却会违背人们的意愿或需要而自行其是。例如，有些时候，当人们并不需要它们干预，如器官移植时，它们却变得很活跃；而有时，当人们希望它们积极行动，如身患肿瘤之时，它们却又显得无精打采。

了解了人体内各种物理力量T细胞功能机制的影响，最终可能使得科学家能够控制它们——“驯服”T细胞，以便让它们最大程度地有效地为人类的健康服务，更好地履行自己的职责。

航天时代与军事科技

一提起航天，人们就自然而然地想到了天空中一个个遥远的神秘莫测的星空。嫦娥奔月是我国古代的一个著名的神话故事。故事讲述了嫦娥偷吃了不死神药，成了仙，飞奔上天进了月亮，成了天上的仙女。神话故事表达了古代人类对月球神秘的推测和向往。当然，人类仅靠吃药就能飞翔是办不到的。

其实，星空并不神秘，这个远离人间的未知世界，已逐渐开始被人类认识。无论是古代的神话传说、近代的科学幻想，还是现代的科学探索，无一例外地总是以人为主题的。

随着自然科学的发展，人们的活动范围不断扩大，从陆地到海洋，从水下到天上。由于载人到太空中飞行最能激发人们的想象，也最能体现人类的智慧和奋斗精神，因此在20世纪初，众多火箭先驱者都将载人太空飞行作为最终的努力方向。就是在战争年代，不少专家们还在探讨载人登月这个课题。

到了20世纪50年代和60年代，运载火箭有了发展，人造卫星飞上了天，高空生物实验取得了成功，这就促使载人航天技术很快发展成熟。除了军事用途外，航天技术也用于科研工作中。

1957年，前苏联发射了第一颗人造地球卫星，动摇了第二次世界大战后居于霸主地位的美国在科技领域中的领先地位。

第一艘宇宙飞船是前苏联研制成功的“东方1号”。1957年10月4日“东方1号”顺利上天，预示了人类在不久的将来有可能进入宇宙空间，开始太空探奇之旅。

“东方1号”由两部分组成，上端是球形乘员舱，乘员舱外部有两根遥控天线和顶端安装的通信天线，通信天线下端是一个小型通信电子设备舱。乘员舱侧旁有一个观察窗和一个弹射窗，内部除装有生命保障物品及食物外，还有一台电视摄像机、一个光学定向装置、一个宇航员观察装置和宇航员应答装置。宇航员按照设计一直躺在弹射坐椅上，生命保障系统可供宇航员生存10昼夜。“东方1号”飞船下端是仪器舱。紧靠宇航员舱外有18个球形的高压氮气和氧气瓶，用以为宇航员提供类似地面上的大气环境。飞船的回收工作具有一定的冒险性，为了使第一个前苏联载人飞船的宇航员能返回到前苏联领土上，最后决定不回收舱体，只回收宇航员，即在返回舱离地面1万米左右时，连同坐椅一道弹射出去，并用降落伞让宇航员安全着陆。

1961年4月12日，莫斯科时间上午9时零7分，一枚“东方号”运载火箭将加加林乘坐的载人飞船“东方1号”发射升空。

这是人类第一次在太空中飞行，标志着航天技术进入了一个新阶段。虽然由于着陆过程比较复杂，最后宇航员加加林的落地点与预计点相差甚远，但这次成功的飞行仍然具有极其伟大的意义。它实现了人类千万年以来登天飞行的理想，把20世纪初伟大的航天先驱者的梦想变成了现实，是人类探索宇宙秘密的新的起点。

1963年6月16日，前苏联又发射了“东方6号”载人飞船，把世界上第一位女宇航员捷列什科娃送上太空，她在天上绕地球转了48圈后也安全返回地面。1969年7月16日，美国“阿波罗11号”宇宙飞船，载着3名宇航员飞往太空，并于7月20日驾驶登月舱在月球上着陆，第一次在月球上留下了人类的足迹。1970年4月24日，中国第一颗人造地球卫星也飞上了天，在太空奏响了《东方红》乐曲。

尤里·阿列克谢耶维奇·加加林

前苏联的成功让美国感受到巨大的挑战和压力。众所周知，美国对此是持敌对的态度。为了维护其霸主地位，继续称霸世界，美国和前苏联在宇宙空间展开了激烈的竞争。时至今日，虽然前苏联已经解体，但是多元化的世界仍然动荡不安。各国军用航天器在太空这个更为广阔的“战场”上，进行着更为激烈的较量，太空争夺战时刻都在进行着。

从1973年开始，美国航天飞机的研制工作开始全面铺开。1979年3月21日，“哥伦比亚号”航天飞机完成装配，由波音747空运到肯尼迪航天中心。但由于出现了故障，没有能按时发射。

中国首颗月球探测卫星“嫦娥一号”

1981 年 4 月 12 日，正好是加加林首次进入太空 20 周年纪念日。在这一天，“哥伦比亚号”航天飞机发射升空，它历时 54 小时 23 分，绕地球 36 圈，在加利福尼亚州的爱德华兹空军基地降落。大约有 100 万人观看了这次发射，包括英国女王伊丽莎白二世和首次登上月球的阿姆斯特朗。

1981 年 11 月 12～14 日，哥伦比亚号进行了第二次轨道飞行。它在太空进行了地球矿藏探测、太空污染测量、植物生长等科学实验活动。

值得一提的是，1984 年 8 月 30 日至 9 月 5 日，美国第三架航天飞机“发现者”进行了首次飞行。在为期 6 天的飞行中，6 名机组人员成功地向地球同步轨道发射了 3 颗通信卫星，同时还进行了利用太阳能的研究工作，并获得了成功。这就为未来制造大型航天站和太空太阳能发电站奠定了基础。大型航天站的建立，可以作为未来的天上军事基地。有的发达国家正计划建立航天部队，说明未来的太空是不平静的，太空空间战的危险是确实存在的。

1992 年 6 月 25 日至 7 月 9 日，在航天飞机第 48 次飞行中，哥伦比亚号创下了航天飞机飞行 14 天的纪录，首次达到了设计的最长时间指标。

如果人类的航天事业仅用于民间和科研方面，而不是诉求军事优势，那么全世界爱好和平的人们都会为之感到欣慰的。

各式各样的军用侦察卫星

当前，搜集军事情报的手段很多，其中应用最广泛的要算是军用侦察卫星了。据统计，在人类发射的全部卫星中，军用卫星大约占 2/3 以上；而军用侦察卫星又占军用卫星的 2/3 以上。

为什么军用侦察卫星如此受到人们的重视呢？这主要有三个方面的原因：第一，军用侦察卫星受到的地球引力就可作为它环绕地球运转的向心力，无需其他能源，这是一般侦察仪器所不能比拟的；第二，军用侦察卫星运行速度快，若按 7.9 千米/秒的第一宇宙速度计算，它的速度是火车的几百倍，是现代超音速飞机的 20 倍，一个半小时就可以绕地球运行半圈；第三，军用侦察卫星居高临下，侦察范围广，在同样的视角下，卫星所观察到的地面面积是飞机上的几万倍。此外还有，卫星的运行高山挡不住，大海隔不断，风雨无阻，又无超越国界等问题，可以说是侦察情报的最佳选择。

军用侦察卫星大体上可分为五类：照相侦察卫星、电子侦察卫星、导弹预警卫星、海洋监视卫星和核爆炸探测卫星。

（1）照相侦察卫星。它发展最早，数量也最多，技术也最为成熟。照相侦察卫星是以可见光照相机和红外照相机作为遥感的手段。可见光照相机的分辨率高；红外照相机可揭露伪装，照相真实。此外，还有便于识别目标的多光谱照相系统和不受天气影响的微波照相系统。利用卫星对我国全境照相，只需拍 500 多张照片，用几天时间就行了；若用高空飞机对我国全境照相，需要拍 100 多万张照片，得花费 10 年时间。由此可见，通过电磁波手段利用照相卫星进行侦察具有很大的优越性。但它也有自身的缺陷，就是它只能沿预定的轨道飞行，难以根据需要改变运行路径去跟踪目标，因此获得的情报是不连续的，照片回收技术也比较复杂。

（2）电子侦察卫星。该卫星是利用电磁波信号进行侦察，卫星上装有侦察接收机和磁带记录器。卫星飞经目标上空时，将各种频率的无线电电磁信号记录在磁带上，当卫星飞行自己一方上空时，回收磁带将信息传回地面。这种卫星可以侦察敌方防空和反弹道导弹雷达的位置、使用的频率等性能参数，从而为自己一方的战略轰炸机和弹道导弹的突防和实施电子干扰提供依据。电子侦察卫星还可以探测敌方军用电台的位置，窃听其通信。电子侦察卫星的缺点是：地面无信号时，它就无法侦察敌情；地面的雷达电台或电子信号过多时，又难以识别有用的信号，因而易受假信号的欺骗和干扰。

（3）导弹预警卫星。该卫星是探测导弹发射及飞行情况的卫星。卫星上装有红外线探测器，以便对敌方进攻的导弹上尾焰发出的红外辐射进行探测和跟踪。卫星还装有远摄镜头电视摄像机，以便向地面及时传输电视图像。预警卫星可以争取较多的预警时间，比如，对洲际导弹可取得 25 分钟预警时间，对潜地导弹可取得 5～15 分钟预警时间。

（4）海洋监视卫星。主要用来监视水面舰船和水下潜艇的活动，有时也提供舰船之间、舰岸之间的通信。海洋监视卫星主要包括电子侦察型和雷达遥感型。前一种实际上就是电子侦察卫星，不过收集的信号是水中舰艇发出的无线电波；后一种卫星上装有大孔径雷达，可以不依赖对方发射的信号而主动探索目标，其精确程度比电子侦察卫星更高。前苏联和美国在这方面的技术占据着领先地位。

（5）核爆炸探测卫星。主要用于获得别国发展核武器的重要情报。卫星上的特殊设备可用于探测核爆炸的各种效应，并进行综合分析，推断出核武器的发展动向和相应的攻防能力。

航天飞机和航天站

航天飞机和航天站是军用航天器这个大家族中的两个重要成员。

航天飞机能够在太空飞行。它的前段有驾驶舱和生活舱，温度在 20 摄氏度左右，可容纳 3～7 人生活 7～30 天；中段是有效载荷舱；后段是发动机。它实际上是一种卫星式载人飞船，它可以在空中发射、维修、回收各种卫星，并能攻击和捕获敌方卫星，还可以在太空作战时担任指挥。

准备降落的美国“奋进”号航天飞机

航天站是让航天员进行空中巡逻、长期工作和居住的大型航天器。宇航员的往返由载人飞船或航天飞机保障。航天站就像一个大型旅馆飘浮在太空中，又好像是设立在太空中的哨所。这种特殊的哨所，是由前苏联在 1971 年 4 月 19 日第一个发射成功的。我国于 1970 年 4 月 24 日发射了第一颗人造地球卫星。我国至今还没有航天站，就是在载人宇宙飞船方面，也还是刚刚完成了太空行走，要实现登月计划还是有不少工作要做的。但我们应当看到，我们在高科技方面的发展速度是比较快的，在不远的将来一定能够赶上和超过国家的航天水平。

自 20 世纪 80 年代以来，通过卫星在太空进行间谍战的序幕已经拉开，而且大有愈演愈烈之势。过去人们认为是绝对和平的空间——太空，如今实际上也已经变成了战场。而在争夺太空的战争中，尖端的武器就是军用航天器。在过去的战争发展史上，人们曾认为“能称霸海洋的国家便可称雄世界”，为此必须具有强大的海洋舰队；后来又有人认为“能具有制空权的国家便可称霸世界”，为此必须具有强大的作战机群队伍。如今，人们的观念又有了更新：只有掌握了制太空权，才能在未来的太空大战中取得主动权，为此必须具有最先进的航天器技术和具有强大的航天器群组。美苏正是看到了这一点，所以才在航天器技术方面，进行激烈的竞争。

苏联解体，美苏争霸结束后，太空军备竞赛得到了短暂的缓和，国际社会看到了和平利用、开发太空的希望。中国也正向太空大国迈进。

激光炮

1960 年，人们用红宝石制成了一种特殊的仪器，发现在它周围的闪光灯发出的强光通过这个仪器后，就被转变成一束特别细、特别亮的光，人们称之为激光。这种仪器就叫激光器，后来人们又研制出了多种不同类型的激光器。

激光实际上就是受激辐射的光，它是一种特殊形式的电磁波。与普通光相比，激光有许多特点：第一，亮度特别高。有的激光亮度竟然比太阳的亮度还要高出很多倍。第二，激光方向性特别好，不易发散。激光在传播过程中始终像一条笔直的细线。比如，一束激光射到距离地球 38 万千米的月球上，光圈的直径也只不过是 2 千米；而探照灯的光束假如也能射到月球上的话，它的光圈直径将是几千千米或上万千米。可见，激光的方向性特别好，因此能量也就特别集中。第三，激光的颜色特别纯。比我们通常看到的霓虹灯的颜色还要纯得多。此外，把强激光汇聚起来，就可以在聚焦处产生几千万摄氏度的高温，可以用来进行高难度焊接和高难度的医疗手术。由于激光有这么多神奇的地方，所以很快就受到了人们的重视，并且很快得到了广泛的应用。特别是在未来的星球大战中，激光将扮演着十分重要的角色，被作为太空大战中的“王牌”武器来使用。

利用激光良好的方向性制成的一种“激光制导炸弹”，是从飞机上发射出来的一束激光，使它照射到要攻击的目标上，再在炸弹头部装上一个用激光寻找目标的装置，它能接收从目标反射回来的激光，并控制炸弹的尾部，引导炸弹飞向要攻击的目标。激光的速度是每秒 30 万千米，一旦目标被激光照射上，它绝对逃不脱被导弹摧毁的命运。

激光在军事上的应用，确实使人震惊。1975 年 11 月，美国两颗新式卫星在前苏联境内进行侦察时，被前苏联试验中的反卫星激光武器击伤，变成了废物。美国对此很是恼火，也积极地进行了用激光装置击落卫星的试验，并且试验用激光炮击毁空间火箭弹和其他可用于空间大战的武器。由此，人们清楚地看到，激光武器确实是星球大战中的“王牌”武器。

高功率半导体激光器

激光武器可分为低能激光武器和高能激光武器两种。

低能激光武器是一种小型的激光发射装置，发射的激光能量不很高，主要用于射击单个敌人，使敌人失明、衣服着火或死亡等。此外，还可以使敌方的各种夜视仪器损伤、失灵等。这类激光武器有：激光枪、激光致盲武器等。

高能激光武器就是激光炮，它实际上就是能产生高能量激光束的激光发射装置。激光器产生的高能激光输出，由光束定向仪聚集形成了“炮弹”，再打到导弹或卫星等目标上。1976 年 10 月，美国陆军用装在车上的激光炮，击落了两架无人驾驶的直升靶机。1978 年 11 月，美国陆军再一次试验，用激光炮击中了正在高速飞行的反坦克导弹。1983 年 1 月 25 日，美国空军曾宣布，他们用强激光武器的空中实验台——“飞机上的激光实验室”，成功地拦击了五枚攻向飞机的“响尾蛇”导弹。本来导弹是飞得很快的，1 秒钟就能飞行 1 000 多米，但强激光器发射的“光弹”——激光束，速度更快，每秒能走 30 万千米。因此，用“激光弹”打落导弹在理论上来说是件轻而易举的事情。在这次试验中，还用激光束引爆了装在一枚导弹头部的炸药。美国空军认为，这次试验的成功，是研究激光在军事上应用的一个非常“重大的里程碑”，是一次十分关键的实验。

美国还研制了安装在卫星上的激光炮，用以拦击敌方卫星或其他航天器。可见，高能量的激光炮，确实是星球大战中的“王牌”武器。美国和前苏联还都研制了安装在地面上或空间站上的激光炮，其功率很大，可进行远距离射击，从而能击中与地球同轨运转的侦察卫星和通信卫星。

激光武器之所以被人们称为是星球大战中的“王牌”武器，主要是因为它有以下几个方面的特点：首先，火力强大，可以直接摧毁目标。一般说来，强激光束有三种类型：可以产生高温的连续激光束；能产生强大冲击作用的高频脉冲激光束；同时产生连续激光束和脉冲激光束。当这些激光束作为“炮弹”打在目标上时，高温和强大的冲击作用，足以将目标熔毁，甚至汽化。1997 年 10 月，美军利用激光武器，一举摧毁了两颗太空中废弃的卫星，这就表明了激光武器在太空作战中具有“卫星猎手”的作用。其次，速度快，它的速度是每秒 30 万千米，这大约是目前最快火箭飞行速度的 40 万倍。可以说“激光炮”一闪，目标就被击中了，几乎没有时间间隔。第三，无后坐力，因为激光束的质量极小极小，激光炮可以机动灵活地向任何一个方向发射“光弹”，而根本不会影响射击的精度。

另外，激光武器是多次发射式武器。例如，脉冲式激光炮，可以轻而易举地在 1 秒钟内发射出 1 000 发“光弹”。因此，美军认为：“高能激光武器像原子弹一样，具有使传统的武器系统发生革命性变化的潜力，并可能改变战争的概念和战术。”中国在激光武器的开发和研制上，也取得了巨大的成功，中国研制的超距攻型激光雷达具有世界一流水平。当然，要完全建立空间激光武器系统，绝不是一件容易的事情，还需要克服许多技术上的困难，并进行长期的努力。

太空中的美国“天军”

在 1982 年，美国全球形势分析公司董事长发表了题为《未来的武器》的文章，他在文章中对 50 年以后的战争进行了描述。他认为，到 2032 年，战争的情况将和我们现在所熟悉的情况完全不同，一个重要的变化是战争的活动范围将扩大到一个新的空间——天上。在那里将会出现美国军队，他们在天上进行军事活动。美国“天军”所使用的一个关键性的“武器发射阵地”，将是航天母舰。到 2032 年，美军至少有 3 个核动力航天母舰部署在同步轨道上运行。每个航天母舰上能容纳 1 000 多人，装有足够的物资，可以自主工作好几年。它装备有自卫武器，还配有进攻和防御系统。将使用高能激光武器和粒子束武器，能够摧毁地球上的目标、未加防护的宇宙飞船和正在接近它的带威胁性的导弹核武器。它上面的通信和监视系统将不断地监视天上的环境，对任何有威胁性的目标都能发出警报。因此，它将是指挥、控制和进行天战的核心。

航天母舰上的大型电子计算机，通过对几个多功能监视系统发来的信息的综合分析，就能估计出整个作战形势，并能自动给自己的进攻武器指示出最佳目标，同时提出隐蔽和伪装自己的措施，以避开敌人的攻击。月球可以作为一个通信联络、维修保养和后勤供应的远方基地。到时将使用激光通信，以确保通信的安

全保密和连续性。

航天母舰将操纵一支小型的航天部队，从事侦察、阻击和运输工作。这些能够隐形的飞船负责检查敌方的航天器是否有不良企图，必要时加以攻击。战争有可能先在天上打起来，直到有一方控制了这个“绝对高地”。到那时，胜利的一方将在天上像雷公电母那样，对地球上的事件施加影响。航天飞机直接飞进轨道并迅速返回地面，这将会成为经常的事情。

今天看来，美苏争霸时代早已结束，世界多极化发展趋势明显，没有任何一个国家可以凭借军事优势来统治全世界。世界各国依存度日益加深，爱好和平的人们决不会让自己的美好家园变成战争的坟场。航天母舰这一纯军事构想，不大可能成为现实。军转民用，用来探测太空的航天站、宇宙空间站也许多大有作为。